Wilfried J. Elspass · Manfred Flemming

Aktive Funktionsbauweisen

Springer-Verlag Berlin Heidelberg GmbH

Wilfried J. Elspass · Manfred Flemming

Aktive Funktionsbauweisen

Eine Einführung in die Struktronik

Mit 110 Abbildungen

Springer

PD Dr.-Ing. habil. Dr. sc. techn. Wilfried Elspass
ETH Zürich
Institut für Konstruktion und Bauweisen
Tannenstr. 3
CH - 8092 Zürich
SCHWEIZ

Professor Dr. E.h. Dr.-Ing. Manfred Flemming em.
ETH Zürich
Sonnegstr. 63
CH - 8092 Zürich / Zentrum
SCHWEIZ

Die Deutsche Bibliothek - CIP Einheitsaufnahme

Elspass, Wilfried J.:
Aktive Funktionsbauweisen: Eine Einführung in die Struktronik / Wilfried J. Elspass; Manfred Flemming. - Berlin; Heidelberg; New York; Barcelona; Budapest; Hongkong; London; Mailand; Paris; Santa Clara; Singapur; Tokio: Springer, 1998
ISBN 978-3-642-63715-5 ISBN 978-3-642-58758-0 (eBook)
DOI 10.1007/978-3-642-58758-0

Ursprünglich erschienen bei Springer-Verlag Berlin Heidelberg New York 1998
Softcover reprint of the hardcover 1st edition 1998

Einbandentwurf: Struve & Partner, Heidelberg
Satz: Camera ready Vorlage durch Autoren
SPIN: 10548408 62/3020 - 5 4 3 2 1 0 - Gedruckt auf säurefreiem Papier

Unseren Frauen

Yvonne und Christa

in Liebe und Dankbarkeit gewidmet

Vorwort

Die Faserverbundbauweisen haben in den letzten 20 Jahren in einigen Bereichen des Maschinenbaus klassische metallische Leichtbauwerkstoffe abgelöst. Neben technischen Vorteilen bei Ausnutzung der Werkstoffanisotropie konnte insbesondere die Wirtschaftlichkeit der Fertigung aufgrund des hohen Integrationsgrad der Faserverbundbauweise nachgewiesen werden. Ferner ermöglichten die verglichen mit metallischen Konstruktionswerkstoffen einzigartigen Werkstoffeigenschaften Konstruktionen mit völlig neuen Eigenschaften.

Da der Werkstoff selbst aus einzelnen Schichten bei der Fertigung des Bauteils hergestellt wird, eröffnet sich die Möglichkeit, neben der anwendungsoptimalen Gestaltung noch zusätzlich Elemente in den Werkstoff zu integrieren. Es können dem Werkstoff und damit der Konstruktion aktive Eigenschaften gegeben werden. Es eröffnet sich die Möglichkeit, mit dieser aktiven Funktionsbauweise die Leistungsfähigkeit von Konstruktionen noch weiter zu steigern. Die Grenzen passiver Bauweisen können damit gesprengt werden.

Einerseits kann die Konstruktion durch Einleitung von Dehnungen mittels Aktuatoren beeinflusst werden. Andererseits können Sensoren Informationen über den Zustand der Konstruktion bereitstellen. Diese für den konventionellen Maschinenbau bisher ungewöhnlichen Elemente sind die neuen Maschinenelemente für Konstruktionen mit aktiven Eigenschaften.

In diesem Buch werden die Grundlagen zur Entwicklung solcher, aktiver Konstruktionen oder Strukturen erläutert. Dabei wird ein besonderer Schwerpunkt auf die Vorstellung für den Maschinenbauer neuer Werkstoffe gelegt. Die Funktionsprinzipien und aktiven Eigenschaften werden diskutiert. Weitere wichtige Gesichtspunkte wie Auslegung, Konstruktion und Fertigung werden diskutiert sowie einige Anwendungsbeispiele erläutert.

Die Autoren können auf fundierte Erfahrungen im Bereich der aktiven Funktionsbauweisen und der Faserverbundbauweisen zurückgreifen. Sie haben die Ergebnisse ihrer Forschungsaktivitäten in dieses Buch einfliessen lassen. Es stellt eine Ergänzung zu bereits erschienenen Büchern zum Themengebiet der Faserverbundbauweisen dar.

Unser besonderer Dank gilt Herrn Dipl. Ing. Stefan Fritschi, der bei der Entstehung dieses Buches beteiligt war.

Zürich, im Herbst 1997

W.J. Elspass
M. Flemming

Inhaltsverzeichnis

1. Die Technologie der aktiven Strukturen

1.1. Einführung und Überblick

Die Technologie der aktiven Strukturen verfolgt das Ziel, Konstruktionen mit anpassbaren Struktureigenschaften zu realisieren [1.1], [1.7]. Solche Eigenschaften umfassen die Steifigkeit, Festigkeit oder allgemein den Energiezustand der Struktur. Die Auswirkungen können sich im Verformungs-, Stabilitäts- und Schwingungsverhalten oder in der Änderung der geometrischen Dimensionen niederschlagen. In der zu beeinflussenden Struktur wird eine Infrastruktur erforderlich, die mit Hilfe eines Regelsystems über integrierte Aktuatoren und Sensoren das Systemverhalten verändern soll. Die klassische passive Struktur wird im Grunde lediglich mit den Komponenten Transducer (Aktuator und Sensor) und Elektronik erweitert. Diese Kombination von **Struk**tur und Elek**tronik** kann sehr treffend als **Struktronik** bezeichnet werden [1.10], [1.11].
Aktive **F**unktions-**B**auweisen (kurz: AFB) bieten sich immer dann an, wenn passive Strukturen leistungsmässig ausgeschöpft sind, oder die geforderte Leistungscharakteristik nur mit unverhältnismässig hohem Aufwand zu realisieren ist. Das System kann beispielsweise veränderlichen oder nur unzuverlässig vorhersagbaren Umgebungseinflüssen ausgesetzt sein. Eine passive Struktur kann auf solchen Randbedingungen so gut mit unverhältnismässig hohem Aufwand zu realisieren ist. Diese Situation ist im allgemeinen beim Betrieb von Konstruktionen in unstrukturierten Umgebungen gegeben. Das technische System ist dann veränderlichen und nur unzuverlässig vorhersagbaren Umgebungseinflüssen ausgesetzt. Eine passive Struktur kann auf solchen Randbedingungen so gut wie nicht reagieren.

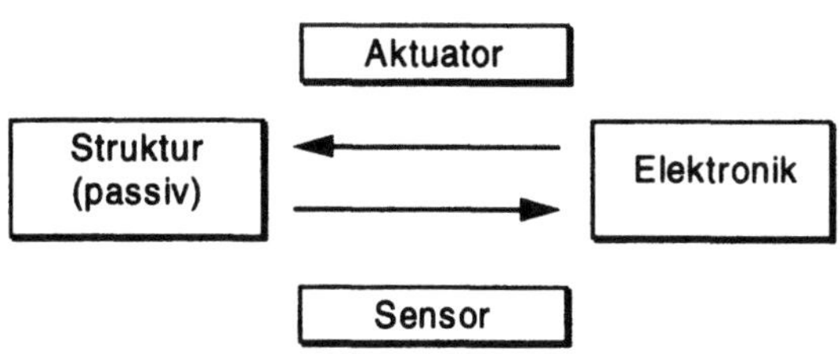

Bild 1.1. Definition der aktiven Funktionsbauweise

Aufgrund der technischen Möglichkeiten dieser Technologie ist zu erwarten, dass verschiedene industrielle Bereiche davon betroffen sein können [1.6]:

- Fahrzeuge (Fahrwerke, Lärmreduzierung, Stossabsorber, Kupplungen, Bremsen, integrierte Antennen, ...)
- Luft- und Raumfahrzeuge (Flügelgeometrie, Schadenserkennung, sensorische Behäutung, integrierte Antennen, Lärmreduzierung, Schwingungskontrolle, Korrektur der Konturgeometrie, ...)
- Biomedizin (kinematische Prothesen, Sonden, Implantate, ...)
- Robotik (Schwingungskontrolle, Geometrieadaption, Greifer, ...)

Bei Neukonstruktionen wird bisher meistens versucht, die geforderte Leistung mit passiven Strukturkonzepten zu erreichen. Häufig kann die aktive Bauweise jedoch die weitaus kostengünstigere Lösung sein imVergleich zur passiven, zumal bei variablen Betriebsbedingungen die passive Auslegung in der Regel eine Kompromisslösung darstellt [1.2].

Die aktive Bauweise beinhaltet ohne Zweifel für einen grösseren apparativen Aufwand, da aktive Elemente (Aktuatoren, Sensoren) und Regelelektronik in die Konstruktion integriert werden müssen. Ferner kann unter Umständen der Fertigungsaufwand grösser werden. Bei Systemen, die nur als aktive Struktur ihre Funktion erfüllen, muss ausserdem der Gesichtspunkt der Systemzuverlässigkeit in besonderem Masse beachtet werden. Aktive Bauweisenkonzepte sollten deshalb *nur* dann realisiert werden, wenn trotz des möglichen Zusatzaufwandes die technischen und damit auch die wirtschaftlichen Vorteile überwiegen.

Passive Strukturkonzepte sind bezüglich ihrer Leistungsfähigkeit beschränkt. Eine auf Gewicht und Steifigkeit optimierte Struktur verformt sich dennoch unter Eigengewichtslasten. Materialparameter können sich während der Einsatzdauer einer Konstruktion verändern. So kann beispielsweise ein zum Beginn des Einsatzes thermostabiles Laminat nach einer gewissen Einsatzdauer einen anderen Wärmeausdehnungskoeffizienten aufweisen. Dies kann unter anderem durch thermische Zyklen oder durch Einwirkung von UV-Strahlung hervorgerufen werden (siehe dazu Kapitel «Strukturwerkstoffe»). Ausserdem können Deformationen durch Kriecheffekte im Werkstoff oder auch bei Fügungen wie Klebeverbindungen auftreten. Das Verhalten einer Konstruktion im Verlauf ihrer Einsatzdauer kann bei einer passiven Bauweise nicht beeinflusst bzw. korrigiert werden.

Konstruktionen, die dynamischen Lasten ausgesetzt sind, schwingen in ihren Eigenfrequenzen und den dazu gehörigen Eigenformen. Die Verteilung der Massen und Steifigkeiten in der Konstruktion legen diese Eigenwerte fest. Ist die Geometrie einer Konstruktion definiert, kann mit passiven Massnahmen nur relativ wenig zur Veränderung des dynamischen Verhaltens ausgerichtet werden. Jede zusätzliche Versteifung bringt gleichzeitig auch wieder Masse in die Konstruktion.

Aktive Strukturkonzepte und Bauweisen versuchen, diese Beschränkungen zu durchbrechen. Die Idee dazu ist, wie so oft in der Technik, der Natur abgeschaut. Aktuatoren übernehmen die Funktion der Muskeln, die Sensoren die des Nervensystem des menschlichen Körpers (Bild 1.2). Sie messen die Abweichung von der gewünschten Stellgrösse und korrigieren, falls notwendig, und ermöglichen damit eine Leistungsfähigkeit, die passive Systeme nicht haben können.

Die Erweiterung der Faserverbundbauweisen eröffnet die Möglichkeit, mit Hilfe aktiver Elemente (Aktuatoren, Sensoren), geeigneter Kontrollstrategien sowie leistungsfähiger Signalverarbeitung (Rechnerarchitekturen) «intelligente Strukturen» zu entwickeln. Intelligente Strukturen enthalten integrierte Aktuatoren und Sensoren, die selbst über eine strukturelle Funktion verfügen. Dies können beispielsweise integrierte Regellogiken, Signalwandler oder elektrische Verstärkereinheiten sein.

Aktuatoren, Sensoren oder Signalwandler sind Bauweisenelemente bzw. moderne *Maschinenelemente*, die den Zweck verfolgen, die Zustände oder Charakteristiken einer Struktur zu beeinflussen [1.11]. Charakteristiken können mechanischer, thermischer, optischer, chemischer, elektrischer, magnetischer oder eventuell sogar biologischer Art sein. Eine im strukturmechanischen Sinne intelligente Struktur ist beispielsweise in der Lage, sowohl ihren mechanischen Zustand (z. B. Lage oder Geschwindigkeit) als auch ihre mechanischen Charakteristiken (Steifigkeit oder Dämpfung) zu verändern.

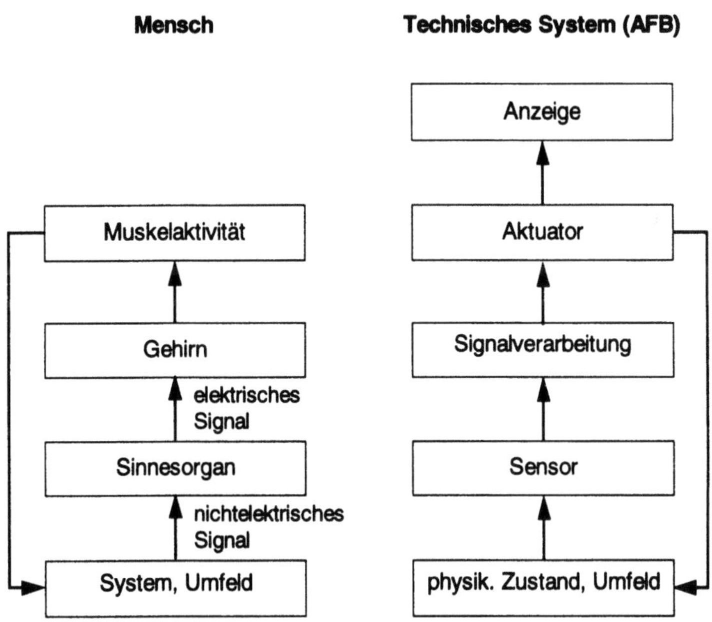

Bild 1.2. Analogie des menschlichen Körpers und der aktiven bzw. intelligenten Strukturen

1.1.1. Strukturkonzepte

Intelligente Strukturen sind eine Untermenge eines sehr weitgespannten Forschungsgebietes, das in Bild 1.3 schematisch dargestellt ist [1.9]. Strukturen mit verteilten Aktuatoren werden als adaptiv bezeichnet. Als Beispiel dafür können aerodynamische Stellflächen von Flugzeugen genannt werden. Weitere Beispiele sind Roboter mit direkt angesteuerten mechanischen Unterstrukturen, die die Geometrie der kinematischen Kette verändern. Weitere Beispiele sind flexible Raumfachwerke, deren Geometrie durch aktive Stäbe beeinflusst werden kann.
Eine weitere Klasse von Strukturen beinhaltet solche mit sensorischen Eigenschaften. Die Sensoren sind in der Lage, Deformationen, Dehnungen oder andere mechanische Zustände und Eigenschaften zu erfassen. Es können elektromagnetische, thermodynamische Zustände (oder Eigenschaften) registriert werden. Selbst die Detektion und die Zunahme von Schäden in einer Struktur ist denkbar. Eine praktisch realisierbare Anwendung könnte in der Zukunft die Schadenserkennung und aktive Schadensbegrenzung an Konstruktionen mit sehr langer Einsatzdauer sein. Weiterhin kommt als Anwendung die Kontrolle von Strukturen in Frage, die eine lange Zeitdauer in einem Bereitschaftszustand sind, aber jederzeit mit grosser Zuverlässigkeit in ihrem Betriebszustand versetzt werden müssen.

Die Schnittmenge adaptiver und sensorischer Strukturen beschreibt die Gruppe der regelbaren Strukturen[1]. Das Regelsystem integriert die Sensoren und Aktuatoren in einem Regelkreis. Jegliche Struktur oder Bauweise, deren Eigenschaften oder Zustandsformen durch einen geschlossenen Regelkreis beeinflusst werden können, sind in dieser Kategorie eingeschlossen.

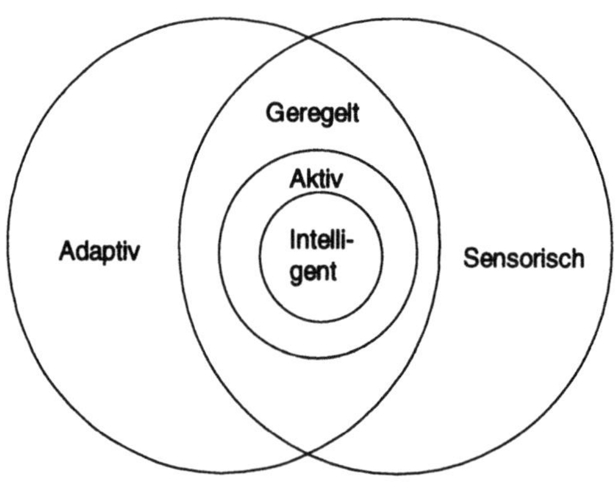

Bild 1.3. Definition unterschiedlicher Strukturkonzepte [1.9]

[1] Engl.: controlled structures

Aktive Strukturen sind eine Teilmenge der regelbaren Strukturen. Der Unterschied besteht darin, dass aktive Strukturen in die Struktur integrierte, verteilte Aktuatoren und Sensoren haben. Diese haben im Sinne der Strukturmechanik eine Funktion und sind somit auch Bestandteil der primären, Last tragenden Struktur. Alle strukturmechanischen Massnahmen zur Realisierung einer aktiven Struktur sind in den aktiven Funktionsbauweisen integriert. Wird die aktive Struktur mit einem Regelkreis und leistungsfähiger Signalverarbeitung bzw. Rechnerarchitektur versehen, ist das Ergebnis eine intelligente Struktur.

Mehrere unabhängig voneinander abgelaufene Technologieentwicklungen haben die Basis zur Realisation aktiver Funktionsbauweisen gelegt. Sie werden im einzelnen nun kurz vorgestellt.

1.1.1.1 Die Faserverbundbauweise

Von besonderer Bedeutung ist die Faserverbundbauweise, die erst die vollständige Integration aktiver Elemente in den Werkstoff zulässt. Die Steifigkeitseigenschaften können durch den Lagenaufbau an die spezifischen Erfordernisse der aktiven Elemente angepasst werden. Ferner eröffnet die bewusste Ausnutzung anisotroper Laminateigenschaften (Deformationskopplung) ganz neue Möglichkeiten. Die Grundlagen dazu werden im Kapitel 3 erläutert. Diesem Vorteil steht jedoch ein zum Teil erheblich grösserer Aufwand bei der Strukturanalyse von Faserverbundbauweisen gegenüber. Numerische Berechnungsmethoden wie zum Beispiel die Finite Elemente Methode im Zusammenhang mit Optimierungsalgorithmen haben sich jedoch als wirkungsvolles Werkzeug zur Lösung dieser Aufgaben bewährt. Diese Technologie wird unter dem Begriff «Computer Aided Engineering» - CAE zusammengefasst.

1.1.1.2 Die aktiven Werkstoffe

Eine weiterer sehr wichtiger Bestandteil der aktiven Funktionsbauweise sind die aktiven Werkstoffe. Die gleichzeitige Ausnutzung bzw. Berücksichtigung möglichst vieler Materialeigenschaften ist eine wesentliche Strategie zur Realisierung intelligenter Strukturen. Zunächst steht die Kopplung der elektrischen und mechanischen Eigenschaften aktiver Werkstoffe noch im Vordergrund (z. B. Piezokeramiken).

Die vollständige Matrix der physikalischen Materialeigenschaften beinhaltet die mechanischen, elektromagnetischen, optischen, chemischen, thermischen und biologischen Kenngrössen. Zum gegenwärtigen Zeitpunkt werden die Materialeigenschaften aufgrund des Anwendungsgebietes auf einen Teilaspekt reduziert. Zum Beispiel konzentriert sich der Konstrukteur bzw. der Berechnungsingenieur meist nur auf die Materialkenngrössen, mit denen das Steifigkeits- und Festigkeitsverhalten einer Konstruktion beschrieben werden können. Der Elektroingenieur wird sich in der Regel zunächst nur auf die spezifischen elektrotechnischen Materialeigenschaften beschränken.

1.1.1.3 Elektronik und Computertechnologie

Schliesslich bedingt die Realisierung aktiver Strukturen die Elektronik und Computertechnologie. Damit ist die Entwicklung von extrem miniaturisierter Elektronik gemeint, die in die Struktur direkt integriert wird. Aspekte wie die Signalverarbeitung, künstliche Intelligenz und leistungsfähige Regelstrategien (Optimal control, Fuzzy logic) sind in diesem Zusammenhang von grosser Bedeutung.

Mit diesen sich noch immer weiter entwickelnden Technologien ist die grundlegende Infrastruktur zur Entwicklung intelligenter Strukturen bereitgestellt worden (siehe Bild 1.4).

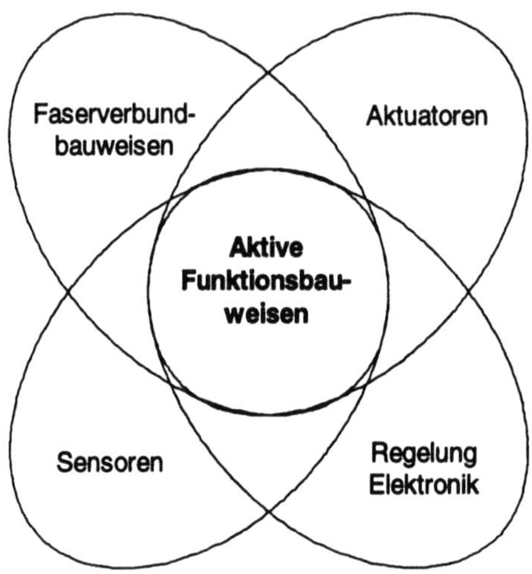

Bild 1.4. Beteiligte Komponenten zur Realisierung aktiver Funktionsbauweisen [1.10]

1.2. «Intelligente» Werkstoffe und Strukturen

In der Literatur werden im wesentlichen zwei Definitionen für intelligente Werkstoffsysteme gegeben [1.7].

Die erste Definition stützt sich auf eine technologisch ausgerichtete Betrachtungsweise ab. Sie besagt, dass unter intelligenten Werkstoffen die Integration von Aktuatoren, Sensoren und Regelsystemen in einen Werkstoff oder eine Struktur zu verstehen ist. Diese Definition zielt in erster Linie auf die Beschreibung der Funktionen ab, lässt jedoch den Zweck oder das Ziel unerwähnt. Die zweite Definition lässt deutliche Bezüge zu biologischen Analogien erkennen und weist auf den Zweck des Werkstoffs hin. Der Werkstoff verfügt über Intelligenz und Eigenschaften eines lebendigen Systems eingebettet in seiner Mikrostruktur.

Es ist eine adaptive Funktionalität bei gleichzeitiger Reduktion der Masse und des Energiebedarfs gegeben. Diese Definition macht keinerlei Aussage über die Art des Werkstoffs. Im übrigen bleibt unerwähnt, mit welchen Mitteln (wie z. B. Aktuatoren, Sensoren, etc.) diese Funktionalität erreicht werden soll.

Biologische Konstruktionen sind das Ergebnis eines langen, stetigen Evolutionsprozesses. Die Charakteristiken der biologischen Konstruktionen stellen Optima bezüglich Effizienz, Funktionalität, Präzision, Adaptivität, Fähigkeit zur Eigenreparatur und Lebensdauer dar. Technische Konstruktionen versuchen meist vergeblich, ähnliche Leistungscharakteristiken zu erreichen. Faserverstärkte Kunststoffe haben in dieser Hinsicht für einen Fortschritt gesorgt. Nahezu keine biologische Konstruktion erlaubt sich die Ineffektivität eines isotropen Materials, sondern optimiert mit Rücksicht auf die Beanspruchungsrichtung ihren Aufbau.

Das Ziel moderner technischer Konstruktionen soll unter anderem die Anpassbarkeit an unvorhersehbare Einsatzbedingungen sein. Der Zustand der Konstruktion und seine Belastungsgeschichte soll dem Anwender und damit auch dem Konstrukteur während der Einsatzdauer bekannt sein. Für den Konstrukteur würde diese Information gerade für Neu- oder Weiterentwicklungen von unschätzbaren Wert sein, viel mehr, als beispielsweise nur aus Schadensfällen oder kurzen Erprobungstest Informationen über die Konstruktion zu beziehen.

Die Natur als Lehrmeister für technische Konstruktion zu wählen, bedeutet auf eine unermesslich grosse Erfahrungs- und Ideenvielfalt zurückzugreifen. Es ist damit relativ einfach, die Anatomie eines intelligenten technischen Werkstoffes oder einer Struktur zu definieren: es werden Aktuatoren analog zu den Muskeln, Sensoren (analog zu den Nerven), ein Kommunikationssystem (analog zum Nervensystem) und ein Rechnernetzwerk (analog zum Gehirn) benötigt. Das Ergebnis ist bestenfalls ein technisches System, dass gewisse Eigenschaften biologischer Systeme haben wird, jedoch von der Perfektion und Komplexität eines menschlichen Organismus als Ganzes vermutlich noch weit entfernt bleibt.

Biologische Systeme unterscheiden nicht zwischen Werkstoffebene und Strukturebene. Die Konstruktion und die Entwicklung eines Organismus ist ein integrierter Prozess, der durch die Multifunktionalität der beteiligten Komponenten gekennzeichnet ist. Das Resultat ist eine effiziente und haltbare Konstruktion, deren Betriebsverhalten den Anforderungen, geprägt durch die Lebensbedingungen, genügen muss. Von daher ist die Unterscheidung zwischen intelligenten Werkstoffen und Strukturen eigentlich überflüssig. Beides braucht eine vielschichtige Vorgehensweise zur Integration der Technologien, die letztendlich die besonderen intelligenten Eigenschaften ergeben. Eine Unterscheidung zwischen Material- und Strukturebene ist nur mit Bezug auf die Grössenordnung ihrer Mikrostrukturen sinnvoll. Die Natur zeigt eindrücklich, dass die Mikrostrukur eines Systems dessen Eigenschaften bzw. Verhalten bestimmt. Die Umsetzung von Grundfunktionen (wie Bewegung und Detektion) von biologischen in technische Konstruktionen ist bereits gelungen, anspruchsvollere Eigenschaften wie das Lernen dagegen nicht im gleichen Masse.

Der Erfolg, oder besser gesagt das Überleben, einer biologischen Struktur hängt von der Fähigkeit der Natur ab, die Wirtschaftlichkeit der Konstruktion und des Unterhalts[1] mit den erforderlichen mechanischen Eigenschaften wie Festigkeit, Steifigkeit, Zähigkeit, usw. ins Gleichgewicht zu bringen. Das Gleiche strebt im Grunde der Konstrukteur an, wenn die Anforderungsliste der Konstruktion formuliert wird. Die gewählte Konfiguration soll gleichzeitig über die wirtschaftlichen und technischen Leistungscharakteristiken verfügen. Eine besonders wertvolle Eigenschaft, die technischen Konstruktionen bislang nicht zugänglich ist, ist für biologische Strukturen eine Selbstverständlichkeit. Dies sind die Selbstdiagnose und Eigenreparatur von lokalen Schäden mit Hilfe eines verteilten Sensornetzwerks [1.7].

Technische Konstruktionen, die ein direktes Interface zu biologischen Konstruktionen haben wie zum Beispiel künstliche Organe oder Bewegungsprothesen, unterstreichen im Vergleich mit biologischen Konstruktionen deren Leistungsfähigkeit. Die auf den ersten Blick einfach erscheinende Aufgabe, die Bewegung eines menschlichen Arms in einem technischen Prozess zu simulieren, erweist sich bei näherer Betrachtung als äusserst komplexes Problem. Funktionen wie Schwingungsdämpfung, Steifigkeitsanpassung oder vielfältige Sensorik seien als Beispiele genannt.

Die *Multifunktionalität* ist eine hervorzuhebende Eigenschaft zukünftiger technischer Systeme, die über aktive Kontrollfunktionen verfügen. Multifunktionalität betrifft einerseits die Fähigkeit einer Struktur, mehrere Aufgaben gleichzeitig zu erfüllen. Anderseits ist die Ausführung heterogener Funktionen zu unterschiedlichen Zeiten innerhalb der Einsatzdauer unter Multifunktionalität zu verstehen. In diesem Falle übernehmen die in die Struktur integrierten Sensoren ihre Funktion bereits mit dem Beginn des Herstellungsprozesses, um beispielsweise den Fertigungsablauf einer Faserverbundkonstruktion im Hinblick auf Qualitätssi-

[1] Die sogenannten «metabolischen Kosten»

cherung und Prozessoptimierung zu überwachen. Nach der Herstellungsphase sollen sie den jeweils aktuellen Zustand der Struktur kontrollieren. Zusammen mit einem System verteilter Aktuatoren sollen sie zum Beispiel für eine Schadensvermeidung oder Schadensbegrenzung sorgen. Wünschenswert wäre auch, die Alterung der Struktur zu erfassen, um somit auch den Zeitpunkt bestimmen zu können, ab dem die Struktur repariert oder vollständig ersetzt werden muss.

Technische Systeme haben die geforderte Funktionalität unter mehr oder weniger bekannten Einsatzbedingungen ohne Versagen über die spezifizierte Einsatzdauer zu erbringen. Die Annahmen, Unsicherheiten und Unwägbarkeiten wie z. B. die Lasten, Materialeigenschaften oder Einsatzbedingungen führen bei der Dimensionierung einer Konstruktion zum sogenannten «worst case scenario». Damit ist gemeint, dass die Kombination der schlechtesten Umstände bei der Auslegung zugrunde gelegt wird. Die Konsequenz sind entsprechend hohe Sicherheitsfaktoren und im Grunde überdimensionierte Strukturen.

Eigentlich unnötige Versteifungen, mehrfache Redundanz, zusätzliche Strukturmasse und Energieaufwand sind die Folge. Alle diese Massnahmen verhindern jedoch ein Strukturversagen vor Ablauf der prognostizierten Einsatzdauer nicht immer. Intelligente Strukturen müssen dagegen in der Lage sein, ihr Verhalten und ihre Eigenschaften anpassen zu können, womit sie nicht nur in einem definierten Betriebspunkt oder Betriebszustand operieren, sondern in einer sich ändernden Enveloppe von Betriebszuständen.

Welche Rückschlüsse lassen sich nun aus der Vision «Aktiver Funktionsbauweisen» ziehen?

- Die Natur muss in noch viel stärkeren Masse als bisher als Lehrmeister für komplexe technische Systeme zu Rate gezogen werden. Die Methodik, mit der sich natürliche Systeme an Umgebungsbedingungen und Alterungsprozessen anpassen und die Funktionen der Aktuation, Sensorik und motorischer Kontrolle realisieren, ist nach Möglichkeit auf technische Systeme zu übertragen.
- Die Werkstoffe, die das Trägersystem des intelligenten Werkstoffes bilden, beziehen sich nicht auf spezifische Werkstoffsysteme, sondern umfassen den weiten Bereich, angefangen von den biokompatiblen Werkstoffen über die vielfältigen Polymere und Werkstoffe für Elektronikkomponenten, den faserverstärkten Kunststoffen bis hin zu den metallischen Konstruktionswerkstoffen.
- Die Fähigkeit intelligenter Strukturen wird nicht darauf beschränkt bleiben, eine Anzahl vorgegebener Funktionen zu erfüllen. Sie müssen sich in einem Lernprozess an unvorhersehbare Einsatzbedingungen anpassen können. Informationen über die Zustände der Struktur und deren zeitliche Entwicklung müssen jederzeit abrufbar sein.
- Dem Konzept der intelligenten Strukturen wird nicht in technologischer Hinsicht Grenzen gesetzt, sondern durch den Umfang des verfügbaren Wissens. Es besteht die Notwendigkeit eine Methodik bzw. Bauweisen zu entwickeln, mit denen Materialsysteme, Komponenten und Strukturen mit reduzierter Masse und Energiebedarf durch Ausnutzung adaptiver Eigenschaften und Intelligenz geschaffen werden können. Neue Werkstoffe mit verbesserten Aktuations- und

Sensoreigenschaften werden dieses Konzept der aktiven Funktionsbauweisen weiter vorantreiben.

Die Rechtfertigung dieser Konstruktionsphilosophie wird offensichtlich, wenn das Potential der technischen Möglichkeiten betrachtet wird. Die sich bereits heute abzeichnenden Anwendungsmöglichkeiten betreffen die unterschiedlichsten Bereiche der Technik [1.6].

Aktive Reduzierung der Innengeräusche in Fahrzeugen aller Art ist ein grosser Anwendungsbereich. *Gebäude*, die ihre Betriebszustände durch aktive Massnahmen bezüglich Energiebedarf, Klimatisierung oder Betriebssicherheit anpassen, *künstliche Organe* oder Systeme, die kontrolliert Medikamente dem menschlichen Organismus zuführen[2], sind Beispiele von Anwendungen, deren Verwirklichung bereits in den nächsten Jahren abgeschlossen sein könnte.

Der Verzicht von Klappen oder anderen Steuerflächen an *Flugzeugflügeln* durch die aktive Anpassung des aerodynamischen Profils, oder die aktive Profilanpassung von Propellern und Rotorblättern kann zur Leistungsverbesserung von Luft- und Wasserfahrzeugen bezüglich Treibstoffverbrauch, Manövrierfähigkeit, Schwingungs- und Lärmreduktion führen.

In der *Kommunikationstechnik* hat die Verformungskontrolle hochgenauer Reflektoren oder Spiegel (für astronomische Anwendungen) ein grosses Anwendungspotential (siehe Reparatur des Hubble Telescopes mit aktivem Sekundärspiegel). Bislang mündete die konventionelle Auslegung passiver dimensionsstabiler Strukturen zur Minimierung von Deformationen in dickwandige, äusserst steife Strukturen. Die Biegesteifigkeit wurde durch entsprechend dicke Querschnitte bzw. Kernhöhen bei Sandwichkonstruktionen erreicht. Durch Einbettung von Sensoren und Aktuatoren in dünnen, flexiblen, flächigen Strukturen in Verbindung mit Regelungsalgorithmen können das Gewicht und Volumen reduziert werden, wenn gleichzeitig durch die Zuführung von Aktuationsenergie die geforderte Kontur oder Konturgenauigkeit sichergestellt wird.

Laufende Arbeiten im Bereich der *Raumfahrt* beschäftigen sich mit der aktiven Kontrolle grosser Strukturen wie Raumstationen. Die Schadensdiagnose und der *kontrollierte Schadensfortschritt* bzw. dessen Reduktion sind ebenfalls hochaktuelle Themen für Luftfahrtstrukturen aus faserverstärkten Kunststoffen. Die Empfindlichkeit faserverstärkter Duroplaste auf Stosslasten mit folgender Schädigung ist ein grosses Problem, um so mehr, als die Erfassung und Inspektion der Schäden bisher noch nicht zufriedenstellend gelöst wurde. Die typische Lösung bei Spannungskonzentrationen in der Nähe von konstruktiven Schwachstellen wie Bohrungen ist die örtliche Aufdickung in dem entsprechenden Bereich. In der Regel führen diese Massnahmen zu einer grösseren als tatsächlich notwendigen Masse. Mit dem Konzept der aktiven Energiezufuhr als Alternative zur Zuführung von Masse in die Struktur kann im Hinblick auf die Gesamtenergiebilanz eine effizientere Steifigkeits- oder Festigkeitserhöhung erreicht werden.

[2] Engl.: drug delivery systems

Die *aktive akustische Kontrolle* zur Lärmreduktion von schwingenden Strukturen ist wahrscheinlich die am weitesten fortgeschrittene Anwendung. Europäische Forschungsprojekte konzentrieren sich dabei auf die aktive Lärmreduktion in Flugzeugstrukturen (Propellerflugzeuge).

Die konventionelle Massnahme zur Schwingungskontrolle an maschinentechnischen Systemen ist der Einsatz von Shakern, die dynamische Kräfte in die Struktur einleiten. Die Grösse dieser Kräfte ist eine Funktion der Shakermasse. Bei einem grossen Verhältnis der bewegten Masse von Struktur und Shaker und tiefer Frequenz hat der Shaker keinen Einfluss. Flächige, verteilte Dehnungsaktuatoren können in der Strukturebene Gegendeformationen einleiten, woraus selbst bei niedrigen Frequenzen ausreichende Kontrollkräfte resultieren. Die Masse der verteilten Aktuatoren ist verglichen mit derjenigen konventioneller Shaker um Grössenordnungen geringer. Die Schwingungskontrolle kann als Ziel einerseits die vollständige Tilgung der Schwingung oder die gezielte Tilgung ausgesuchter, energiereicher Moden verfolgen.

Die Anzahl der Anwendungen oder Anwendungsbereiche, die intelligente Strukturen beeinflussen können, ist gross und das Potential bezüglich ihrer Kommerzialisierung enorm. Dies könnte ein Schlüssel für die auch zukünftige Konkurrenzfähigkeit lohnkostenintensiver Industrienationen im internationalen Wettbewerb mit Billiglohnländern sein.

Ziel dieses Buches ist es, die technologischen Grundlagen zur Entwicklung aktiver Strukturen aufzubereiten. Da der Schwerpunkt auf der Bauweisenseite liegt, werden Bereiche wie Werkstoffe, Strukturanalyse und Konstruktion sowie Fertigung und Versuchstechnik im spezifischen Umfeld des aktiven Strukturkonzeptes schwerpunktmässig behandelt. Beispiele ausgeführter Komponenten oder Strukturen werden Hinweise auf die praktische Relevanz dieses noch neuen Bauweisenkonzeptes geben.

2. Aktive Werkstoffe für Funktionsbauweisen

2.1 Einführung

Einige zum Teil neue oder für die Anwendung im Maschinenbau unübliche Werkstoffe eröffnen neue Möglichkeiten im Bereich der Bauweisentechnik. Diese Werkstoffe, von denen einige in anderen technischen Bereichen wie beispielsweise der Elektrotechnik eine breite Anwendung finden, können aufgrund ihrer spezifischen Eigenschaften zu Strukturen mit neuen Anwendungsprofilen führen. Die Aufgabe der Werkstoffe besteht darin, als (beeinflussende) Aktuatoren oder (erfassende) Sensoren zu wirken. Die Charakteristiken und Wirkprinzipe dieser Werkstoffe sollen in diesem Kapitel erläutert werden.

Bevor die Eigenschaften der Materialien im Detail behandelt werden, sollen zunächst einige wichtige Materialeigenschaften und die relevanten Gesichtspunkte ihrer besonderen Eignung für aktive Funktionsbauweisen diskutiert werden. Dies sind im wesentlichen das Komponentenverhalten, die Effektivität, der Einsatzbereich und die Integrierbarkeit. Wesentlich ist, dass jeder Gesichtspunkt bei der Auswahl des aktiven Materials für eine spezifische Anwendung Berücksichtigung findet.

2.1.1 Komponentenverhalten

Je nach Anwendung wird das Material des aktiven Elementes bzw. der aktiven Komponente für die jeweilige Bauweise unterschiedlich sein. Aufgrund ihrer spezifischen Eigenschaften bieten sich bevorzugte Anwendungen an. Die meisten aktiven Funktionswerkstoffe können sowohl als aktuatorische oder sensorische Komponente in Funktionsbauweisen eingesetzt werden. Im ersten Fall müssen sie die Zustände einer aktiven Struktur beeinflussen können. Sie müssen Energie in eine Struktur hinein und auch wieder heraus transferieren können.

Funktionswerkstoffe für sensorische Komponenten müssen in der Lage sein, die Zustände oder Zustandsformen eines Systems zu erfassen, ohne jedoch (idealerweise) die Energie des Systems zu verändern. Der Sensor soll ohne Verfälschung der eigentlichen Struktureigenschaften messen können. Einige Funktionswerkstoffe können beide Funktionen erfüllen, einige spezielle dies sogar simultan.

2.1.2 Effektivität

Die Erfüllung der Anforderungen hängt von den spezifischen Eigenschaften des Funktionswerkstoffs bzw. seiner Effektivität ab. Die Effektivität wird in der Regel durch konstruktive Randbedingungen wie der Geometrie eingeschränkt. Einige Materialcharakteristiken sind jedoch für fast alle Anwendungsfälle gefragt. Für Aktuatorwerkstoffe ist es beispielsweise die Eigenschaft, grosse Kräfte und Deformationen über eine möglichst grosse Bandbreite zu generieren. Deshalb sollten diese Materialien einen hohen Elastizitätsmodul, grosse induzierte Dehnungen (hohe elektromechanische Kopplung) und lineares Verhalten aufweisen.

Im Gegensatz dazu sollten Werkstoffe für Sensoren einen geringen Elastizitätsmodul und eine hohe elektromechanische Kopplungskonstante besitzen. Ferner sollten sie unempfindlich gegenüber Störeinflüssen sein.

2.1.3 Einsatzbereich

Obwohl mit einem aktiven Funktionswerkstoff eine Komponente mit guter Effektivität gebaut werden kann, können andere Eigenschaften seine Anwendung für spezielle Einsatzbereiche ausschliessen. Ob ein Werkstoff geeignet ist, wird durch die Einsatzbedingungen letztendlich festgelegt. Einflüsse wie Temperatur, Korrosion, Feuchte oder Belastungsart (statisch, dynamisch) müssen bei der Materialauswahl berücksichtigt werden. Falls das Einsatzprofil die aktive Kontrolle miteinschliesst, sind Eigenschaften wie Linearität und Hysterese von dominanter Bedeutung.

2.1.4 Integration und Fertigung

Der Fertigungsprozess einer Struktur mit aktiven Eigenschaften kann auch Einfluss auf die Materialauswahl haben. Hierbei kommt es darauf an, ob die aktiven Elemente entweder in die Struktur direkt integriert (Faserverbunde) oder nachträglich auf die Struktur appliziert werden. Bei der direkten Integration müssen Parameter wie Prozesstemperaturen und oder Prozessdrücke beachtet werden.

Anforderungen wie Strukturgewicht, Richtungsabhängigkeit von Materialeigenschaften, Grenzwerte für elektrische Kenngrössen wie Spannung und Strom und Begrenzung des Energieverbrauchs können ausserdem eine Rolle spielen.

2.2 Piezoelektrische Materialien

Die Piezoelektrizität beschreibt die Wechselwirkung zwischen dem mechanischen und elektrischen Zustand eines ferroelektrischen Kristalls. Das Kristall besitzt in seinem Gitter bezüglich der positiven und negativen Kristallionen kein Symmetriezentrum.

Für technische Anwendungen ist vor allem der inverse piezoelektrische Effekt von Bedeutung. Dieser führt beim Anlegen eines elektrischen Feldes zur Deformation des Kristalls. Da die Piezomaterialien sich orthotrop verhalten, hängt der piezoelektrische Effekt von der Richtung des elektrischen Feldes und der Richtung relativ zur Polarisationsachse ab. Die Verknüpfung der elektrischen und mechanischen Grössen wird durch Materialkonstanten d_{ij} gekennzeichnet[1]. Der Betrag der Ausdehnung ist begrenzt, auch wenn die angelegte elektrische Feldstärke immer grössere Werte annimmt. Der Deformation sind Grenzen gesetzt, da die erzielbare maximale Ausdehnung bei positiven Feldstärken durch die Sättigung und für negative Feldstärken durch die Umpolarisierung bestimmt wird.

2.2.1 Piezoelektrische Werkstoffe für aktive Elemente

Der piezoelektrische Effekt wurde erstmals im Jahre 1880 an Turmalinkristallen entdeckt. Lange Zeit waren nur weitere Einkristalle als piezoelektrisch bekannt, wie z. B. Quarz, Seignettesalz, Lithiumniobat, Kalium- sowie Ammonium-Hydrogen-Phosphat (KDP, ADP).

Der unter ihnen bekannteste Werkstoff ist Quarz. Er zeichnet sich durch eine hohe Schwinggüte und kleine Wärmeausdehnungskoeffizienten aus. Quarz hat daher auch heute noch eine grosse technische Bedeutung für den Bau von Oszillatoren, Filtern und Sensoren. Seignettesalz und KDP-Materialien wurden wegen ihres starken piezoelektrischen Effektes, d. h. grosser Piezomodul und Kopplungsfaktor, in Mikrophonen, Tonabnehmern, Ultraschallsendern sowie Ultraschallempfängern verwendet.

Ein Entwicklungsschub setzte in den vierziger Jahren mit der Entdeckung der Piezoelektrizität in Bariumtitanat ($BaTiO_3$), einem polykristallinen Stoff, ein. Wie Seignettesalz und die KDP-Materialien ist dieses ferroelektrisch und lässt sich im Gegensatz zu den Einkristallen durch ein äusseres Feld nachträglich polarisieren. Weitere Vorteile des polykristallinen Materials sind seine hohe Permittivität, chemische Resistenz und nicht zuletzt seine freie Formgebung und kostengünstige Herstellung durch den keramischen Herstellungsprozess.

Analog zu den ferromagnetischen Werkstoffen wird der Einsatzbereich von ferroelektrischen Stoffen durch die Curietemperatur T_c begrenzt, die bei Bariumtitanat mit T_c=120°C relativ niedrig liegt. In den fünfziger Jahren führten inten-

---

[1] Weitere Erklärungen im Kapitel 2.2.3.

sive Forschungsarbeiten zu den heute weit verbreiteten Bleizirkoniumtitanat-Mischkeramiken $Pb[ZrTi]O_3$, kurz PZT-Keramiken genannt. Gegenüber Bariumtitanat konnte nicht nur die Curietemperatur (≈350 °C), sondern auch der Kopplungsfaktor (auf ca. 50%) deutlich gesteigert werden.

Die Materialeigenschaften der Piezokeramiken können durch das Mischungsverhältnis ihrer Rohkomponenten gezielt eingestellt werden. Sie haben heute eine weite Verbreitung in der Elektromechanik, Elektroakustik, Elektrooptik, Ultraschall-, Nachrichten- und Messtechnik gefunden. Weitere Fortschritte brachten die Komplexkeramiken, bei denen das System aus Bleizirkonat und Bleititanat der PZT-Keramiken durch Dotieren mit Zusatzstoffen, wie z. B. Blei-Nickel-Niobat $Pb[Ni_{1/3}Nb_{2/3}]O_3$, zu einem ternären[2] System erweitert wurde. Mit ihnen lässt sich die Permittivität und damit die Energiedichte gegenüber einfachen PZT-Keramiken verdoppeln. Dazu muss jedoch der Nachteil der deutlich niedrigere Curietemperatur (ca. 200 °C) in Kauf genommen werden.

Neben den Einkristallen und polykristallinen Stoffen ist seit den sechziger Jahren ein teilkristalliner Kunststoff, Polyvinylidenfluorid (PVDF), verfügbar. Durch Strecken (um ca. 200 %) und anschliessendes Polarisieren wird dieses Material ebenfalls piezoelektrisch. Es zeichnet sich gegenüber den bisher genannten Materialien durch eine hohe Elastizität und eine sehr dünne Materialdicke (minimal ca. 6 bis 9 µm) und niedrigem spezifischen Gewicht aus.

Eine wichtige Kenngrösse zur Charakterisierung von Piezomaterialien ist der elektromechanische Kopplungsfaktor k. Da k^2 dem Verhältnis der gespeicherten mechanischen zur aufgenommenen elektrischen Energie entspricht, empfehlen sich für den Bau von Aktuatoren mit hoher Ausdehnungseffizienz Materialien mit grossem k-Wert.

Keramiken weisen k-Werte in der Grössenordnung k=0.7 auf, Quarzkristalle k=0.09. Mit Piezokeramiken können elektromechanische Wirkungsgrade von bis zu 50 % erreicht werden. Neben Piezokeramiken sind als piezoelektrische Werkstoffe auch Einkristalle wie Quarz oder Turmalin oder Polymere wie Polyvinylidenfluorid (PVDF) gebräuchlich. Zum Bau von Aktuatoren bieten sich vorzugsweise synthetisch hergestellte ferroelektrische Sinterkeramiken wie Blei-Zirkonat-Titanat-Verbindungen an. Die Keramiken erhalten ihre piezoelektrische Eigenschaften während des Herstellungsvorgangs durch Anlegen eines starken elektrischen Feldes.

Die kommerziell erhältlichen Piezokeramiken werden meist als Platten, Scheiben, Ringe oder Tubusse zwischen 0.125 bis 1 mm Dicke hergestellt. Doppelt gekrümmte (sphärische) Schalen sind ebenfalls erhältlich. Piezowandler werden mit Speisespannungen von 100 bis 1000 V betrieben. Piezokeramiken erfordern kleinere Speisespannungen. Für die Ausdehnung sind in der Regel Feldstärken bis zu 2 kV/mm notwendig. Bei sehr dünnen Keramikschichten (t=0.2 mm) werden die notwendigen Feldstärken bereits mit Spannungen von etwa 100 V und darunter erreicht.

---

2 Aus drei Grundstoffen aufgebaute Verbindung.

Tabelle 2.1. Piezoelektrische Materialien

Werkstoff	Struktur	Piezomodul d [10^{-12} m/V]	Dielektrizitäts-konstante ε	Kopp-lungs-faktor k [%]	Curietem-peratur T_c [°C]
Quarz	Einkristall	2 - 7	5	9	570
Seignettesalz	Einkristall	170	200	74	24
Bariumtitanat	polykristallin	80 - 190	1200 - 1700	bis 50	115
PZT-Keramik	polykristallin	5 - 765	300 - 4000	bis 72	180 - 400
Piezo-Polymere	teilkristallin	20	12	12	100

Tabelle 2.1 fasst die wichtigsten Kennwerte der einzelnen Materialgruppen zusammen. Ein Vergleich zeigt, dass allein PZT-Keramiken wegen ihres hohen Kopplungsfaktors und Piezomoduls bei gleichzeitiger thermischer Stabilität für eine effektive, elektromechanische Energiewandlung in Frage kommen.

2.2.1.1 Piezokeramiken

Bei den überwiegend eingesetzten Piezowerkstoffen handelt es sich um keramische, polykristalline Materialien. Diese Materialien bestehen aus einer grossen Anzahl kleiner Kristallite. Sie weisen eine Kristallstruktur auf, deren allgemeine Formel durch $A^{2+} B^{4+} O_3^{2-}$ gegeben ist.

Hierin bedeutet A^{2+} ein zweifach positives Ion (z. B. Barium oder Blei), B^{4+} ein vierfach positives Ion (z. B. Titan oder Zirkonium) und O^{2-} ein zweifach negatives Sauerstoff-Ion. Oberhalb einer bestimmten Temperatur, der sogenannten Curietemperatur[3], bestehen diese Materialien aus einem einfachen kubischen Gitter (Bild 2.1). Die Schwerpunkte der positiven und negativen Ladungen fallen zusammen. Es treten keine Asymmetrien auf, und damit sind auch keine Dipole vorhanden.

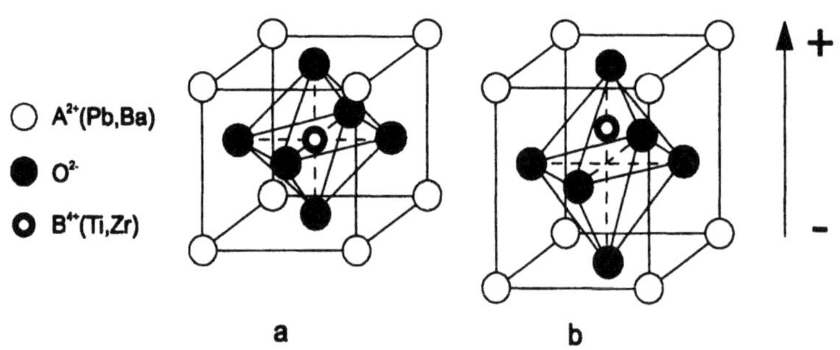

Bild 2.1. Elementarzelle des Kristallgitters einer Piezokeramik [2.39]: **a** kubisches Gitter ($T>T_c$), **b** tetragonales Gitter ($T<T_c$)

[3] Benannt nach den Entdeckern des Piezoeffektes, Gebrüder Curie, 1880

Beim Unterschreiten der Curietemperatur T_c geht das Gitter aus energetischen Gründen von der *kubischen* in die nicht mehr völlig symmetrische *tetragonalen* Form über. Die Ladungsschwerpunkte fallen nicht mehr zusammen, in jeder Elementarzelle entsteht ein elektrischer Dipol. Die Dipole beeinflussen sich gegenseitig und dadurch entstehen spontan Bereiche einheitlicher Dipolausrichtung, sogenannte Weisssche Bezirke oder Domänen. Ein Kristallit kann aus einem oder mehreren Weissschen Bezirken bestehen. Ein Weissscher Bezirk hat ein bestimmtes Dipolmoment, aus dem sich durch Division durch sein Volumen seine spontane Polarisation berechnen lässt. Zwischen benachbarten Weissschen Bezirken innerhalb eines Kristallits unterscheidet sich die Polarisationsrichtung um 90° oder 180°.

Wegen der statistisch verteilten Orientierung der Kristallite und damit der Weissschen Bezirke in einem makroskopischen Körper tritt in diesem Körper keine Polarisation und damit auch kein piezoelektrischen Effekt auf. Er kann erst dann auftreten, wenn die resultierenden Dipolmomente der Kristallite in eine bestimmte Richtung eingestellt, d. h. polarisiert werden. Die Polarisierung des Materials, die am Ende des Herstellungsprozesses durchgeführt wird, ist für den piezoelektrischen Effekt polykristalliner Materialien unbedingt notwendig. Die Polarisierung erfolgt durch Anlegen eines starken elektrischen Feldes in der gewünschten Richtung bei einer Temperatur, die nicht weit unterhalb der Curietemperatur liegt. Es ergibt sich eine Verlängerung des Körpers in der gleichen Richtung. Wird das Element nach dem Abkühlen abgeschaltet, so behalten die Dipolmomente ihre Richtung bei (siehe Bild 2.2).

Werkstoffe mit diesen Eigenschaften werden in Analogie zu den Ferromagnetika auch als Ferroelektrika oder ferroelektrische Werkstoffe bezeichnet. Sie beinhalten jedoch im allgemeinen kein Eisen als wesentlichen Bestandteil.

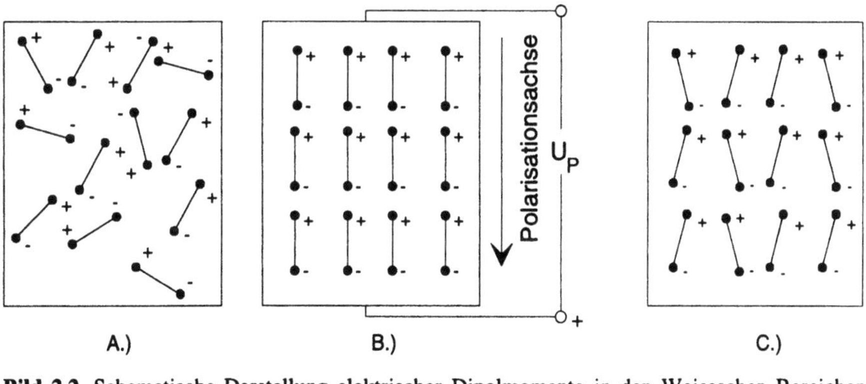

Bild 2.2. Schematische Darstellung elektrischer Dipolmomente in den Weissschen Bereichen (**a** vor der Polarisierung, **b** während der Polarisierung, **c** nach der Polarisierung)

Die Analogie erstreckt sich auch auf andere Eigenschaften, z. B. teilweise auf die oben beschriebene Polarisierung des Materials und auf Hystereseerscheinungen. Ausserdem haben derartige Werkstoffe eine sehr hohe und temperaturabhängige Dielektrizitätskonstante. Keramische piezoelektrische Materialien sind hart, chemisch inaktiv und gegenüber Feuchtigkeit oder anderen Umgebungseinflüssen weitgehend unempfindlich.

2.2.1.2 Die Herstellung

Die Piezokeramik hat gegenüber dem Einkristall den Vorteil einer einfachen Herstellung in fast jeder geometrischen Form.

Relativ starke Verzerrungen werden bei einer Keramik erzielt, die auf der Basis von $Pb(ZrTi)O_3$ und Nd_2O_3 aufgebaut sind. Zu deren Herstellung werden entsprechende (stöichometrisch berechnete) Mengen PbO, TiO_2, ZrO_2 und Nd_2O_3 (Nd: Neodym) in Kugelmühlen gemahlen und durchgemischt. Nach dem Trocknen wird die Masse in oxydierender Atmosphäre bei Temperaturen zwischen 800° und 900°C zur Festkörperreaktion gebracht und anschliessend zerkleinert. Nach erneutem Mahlen wird die getrocknete Substanz mit einem organischen Binder versetzt, in Formen gepresst und bei Temperaturen zwischen 1260° und 1300° C gesintert. Anschliessend werden die Sinterkörper auf das gewünschte Mass zugeschnitten, geschliffen und poliert.

Bei der $Pb(Zr\ Ti)O_3$ Keramik wird eine permanente Polarisation durch Anlegen eines elektrischen Feldes mit einer Feldstärke von etwa 3 kV/mm auch bei Raumtemperatur erreicht. Zum Anlegen des elektrischen Feldes werden zwei Elektroden durch Einbrennen einer dünnen Silberschicht auf der Keramikoberfläche angebracht. Ist das angelegte Feld positiv, d. h. dem Polarisationsfeld gleichgerichtet, dann nimmt die Dicke t zwischen den Elektroden zu, bei gleichzeitiger Abnahme der Breite b und der Länge l. Bei einem negativen Feld erfolgen die Deformationen in umgekehrter Richtung.

Die Feldstärke von 1 kV/mm verursacht bei einer Piezokeramik mit den Massen 80 mm x 20 mm x 0.25 mm eine Dickenänderung von etwa 0.4 µm. Die Breite und Länge ändern sich um 10 µm bzw. 40 µm. Wird das Feld sprungartig angelegt, dann bewegen sich die Stirnflächen der Piezokeramik mit einer Geschwindigkeit von ca. 1 m/s gegeneinander.

2.2.1.3 Physikalische Grundlagen

Mechanische Beanspruchungen rufen in einer speziellen Klasse von Kristallen Deformation hervor. Dadurch entstehen zu diesen Deformationen proportionale elektrische Ladungen, es wird eine elektrische Feldstärke im Kristall erzeugt. Die Umkehrung dieses piezoelektrischen Effekts bedeutet, dass die gleichen Materialien unter dem Einfluss eines elektrischen Feldes ihre Abmessungen ändern (inverser Piezoeffekt).

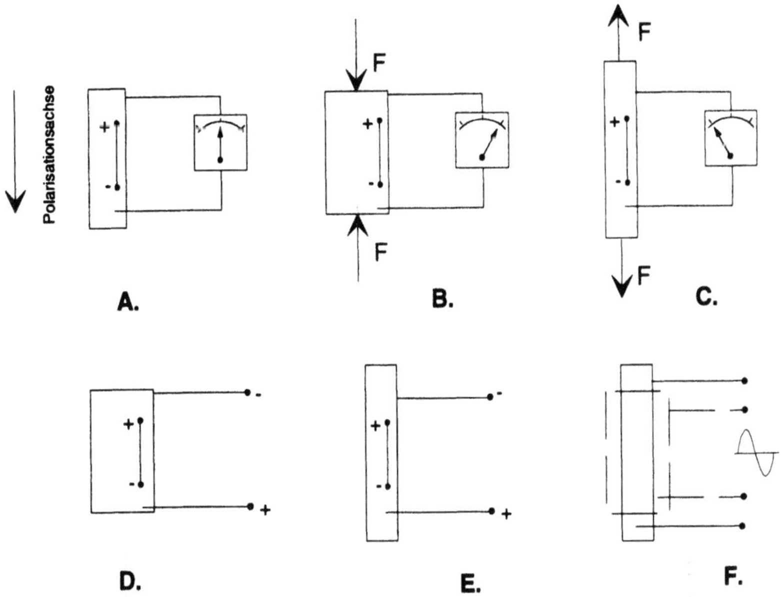

Bild 2.3. Piezoelektrischer Effekt bei unterschiedlichen Betriebszuständen

Traditionelle piezoelektrische Materialien sind einige natürliche Kristalle, zum Beispiel Quarz, Turmalin und Seignettesalz. Die heute dominierenden piezoelektrischen Werkstoffe sind seit nunmehr 30 Jahren bekannt. Um den piezoelektrischen Effekt (oder kurz: Piezoeffekt) zu verstehen, sollte zunächst der kristalline Aufbau des Materials betrachtet werden. Eine ganz wesentliche Voraussetzung für den Piezoeffekt ist ein unsymmetrischer Kristallaufbau. Bei piezoelektrischen Einkristallen, wie zum Beispiel Quarz, ist diese Bedingung erfüllt. Durch eine äussere mechanische Beanspruchung des Materials (Druck oder Zugbeanspruchung) erfolgt eine Änderung des positiven und negativen Ladungsschwerpunktes in jeder Elementarzelle. Dadurch treten Ladungen auf Aussenflächen des Kristalls auf. Dieser Effekt ist nahezu linear und ausserdem richtungsabhängig. Die vom Druck erzeugten Ladungen, Feldstärken und Spannungen haben das entgegengesetzte Vorzeichen wie die infolge Zugbeanspruchung erzeugten entsprechenden Grössen. Der Effekt ist reziprok, d. h. durch Anlegen eines elektrischen Feldes entsteht eine elastische Spannung im Kristall, die je nach Polarität des Feldes zu einer Dehnung (Verlängerung oder Verkürzung) führt.

Das prinzipielle Verhalten einer Piezokeramik unter unterschiedlichen Betriebsbedingungen soll anhand Bild 2.3 erläutert werden. Im Fall **a** wirkt keine Kraft auf den Körper ein. Tritt jedoch eine mechanischen Beanspruchung auf (**b:** Druck, **c:** Zug), dann verursacht die Deformation des Körpers eine Spannung an den Elektroden. Ist die Beanspruchung so gerichtet, dass der keramische Körper seine ursprüngliche Form vor der Polarisierung annähernd wieder einnimmt (Fall **b**), hat die entstehende Spannung dieselbe Polarität wie die zur Polarisierung verwendete. Wenn hingegen in gleicher Richtung eine Zugbeanspruchung erfolgt, ergibt sich die entgegengerichtete Polarität der elektrischen Spannung (Fall **c**)

Wird eine Gleichspannung mit entgegengesetzter Polarität wie die zur Polarisierung verwendete an die Elektroden gelegt (Fall **d**), verkürzt sich der Zylinder, im entgegengesetzten Fall findet eine weitere Verlängerung statt (Fall **e**). Bei Anlegen einer Wechselspannung verlängert bzw. verkürzt sich der piezokeramische Körper mit der Frequenz der angelegten Spannung (Fall **f**).

2.2.1.4 Die dielektrische Hysterese

Das polarisierende Feld E und die Polarisation P sind durch die Gleichung

$$D = \varepsilon_0 E + P \tag{2.1}$$

miteinander verknüpft, wobei ε_0 die elektrische Feldkonstante (Dielektrizitätskonstante) und D die elektrische Verschiebung bedeuten.

Unter der *dielektrischen Polarisation* wird die durch ein äusseres Feld hervorgerufene Verschiebung der zuvor zusammenfallenden Schwerpunkte der negativen und positiven Ladungen Q durch Deformation der Elektronenhüllen oder Verschiebung geladener Atome oder Atomgruppen in Kristallen oder speziellen Keramiken verstanden. Es werden demnach elektrische Dipolmomente in einer dielektrischen Substanz erzeugt.

Unter der *paraelektrischen Polarisation* wird die Verstärkung und Ausrichtung bereits vorhandener permanenter elektrischer Dipolmomente in paraelektrischen Substanzen verstanden. Dadurch entsteht ein makroskopisches Dipolmoment. Ursache dafür ist die Vergrösserung des Abstandes von Ladungsschwerpunkten polarer Moleküle bzw. die Ausrichtung der vorher regellos orientierten Dipolmomente (temperaturabhängige Orientierungspolarisation wie z. B. bei Piezokeramiken).

Ein *Dielektrikum* ist ein elektrisch isolierender Stoff, in dem ein äusseres elektrisches Feld durch Influenz ein Gegenfeld erzeugt. Ein Dielektrikum zwischen den Platten eines Kondensators erhöht die Kapazität auf den ε_r-fachen Wert verglichen mit dem Vakuum. ε_r bezeichnet die relative Dielektrizitätskonstante.

2.2.1.5 Das elektrische Feld

Das Feld ist ein Raum, der durch eine physikalische Grösse oder Eigenschaft in Abhängigkeit von Raumkoordinaten beschrieben werden kann. In der Umgebung eines elektrisch geladenen Körpers wird jedem Punkt des Raumes eine elektrische Eigenschaft zugeordnet.

In einem elektrischen Feld (z. B. zwischen den Platten eines Kondensators) wird auf eine Ladung eine messbare Kraft ausgeübt. Wird diese Kraft auf die Ladung bezogen, folgt daraus für die elektrische Feldstärke:

$$E = \frac{F}{Q}\left[1\frac{N}{C} = 1\frac{V}{m}\right] \tag{2.2}$$

Das elektrische Feld ist dann bestimmt, wenn an jeder Stelle des Raumes die elektrische Feldstärke nach Betrag und Richtung bekannt ist.

2.2.1.6 Die elektrische Verschiebung

Wird die elektrische Feldstärke **E** im homogenen Feld eines Plattenkondensators als Funktion der Plattenfläche und der Ladung Q betrachtet, ergibt sich, dass bei konstantem Plattenabstand die Ladungsdichte Q/A der Feldstärke E proportional ist.

$$\frac{Q}{A} = \varepsilon_0 E \tag{2.3}$$

Diese auf die Fläche bezogene Ladung wird als elektrische Verschiebung oder auch als Flächenladungsdichte D bezeichnet. Sie ist gleichgerichtet wie die elektrische Feldstärke E.

Ist zwischen den Flächen eines geladenen Kondensators ein Isolator bzw. Dielektrikum, sinkt die Spannung an einem angeschlossenen Elektrometer. Sie steigt wieder an, wenn das Dielektrikum entfernt wird. Die Kapazität C=Q/U des Kondensators steigt, da die Ladung Q konstant bleibt. Ursache dafür ist die dielektrische bzw. paraelektrische Polarisation. Der Faktor, um den die Kapazität des Kondensators infolge des Dielektrikums ansteigt, wird relative Dielektrizitätskonstante ε genannt. Sie ist eine Stoffkonstante (siehe Tabelle 2.1).

Mit der Spannung U ändert sich auch die Feldstärke E innerhalb des Dielektrikums, weil durch Influenz eine Gegenfeld E' entsteht. Wegen der Überlagerung beider Felder ist im Innern des Dielektrikums die Feldstärke E+E', ausserhalb E. Die elektrische Verschiebung D bleibt jedoch über den ganzen Raum konstant, die Flächenladungsdichte ändert sich nicht. Die Feldstärke bleibt demnach nur dann konstant, wenn die Spannung am Kondensator konstant gehalten wird. Die Ladung Q steigt am Kondensator jedoch um den Betrag ΔQ, wodurch sich auch die elektrische Verschiebung D ändert. Zum ursprünglichen Wert von D kommt somit der als elektrische Polarisierung P bezeichnete Vektor hinzu. Die elektrische Verschiebung D bezeichnet somit die im Feld möglichen Ladungsverschiebungen.

Die Polarisation P der Piezokeramik ist auch eine Funktion des elektrischen Feldes **E** (siehe Bild 2.4). Sie zeigt das von den Ferromagnetika bekannte Hystereseverhalten. Durch Anlegen eines ansteigenden Feldes an eine noch nicht polarisierte Piezokeramik bei hinreichend hoher Temperatur orientieren sich die Dipolmomente der Kristallite zunehmend in Richtung des angelegten Feld.

Bei genügend grossem Feld wird die Sättigungspolarisation P_s erreicht, die mit der spontanen Polarisation in den Weissschen Bereichen praktisch identisch ist. Nach Abschalten des Feldes bleiben die Dipolmomente jedoch nicht vollständig in Feldrichtung stehen, da sie an bestimmte Vorzugsrichtungen in den einzelnen statistisch orientierten Kristalliten gebunden sind. Da aber mehrere Vorzugsrichtungen im Kristall existieren, ist die Ausrichtung relativ stark ausgeprägt. Die sich einstellende Polarisation wird als remanente Polarisation P_r bezeichnet.

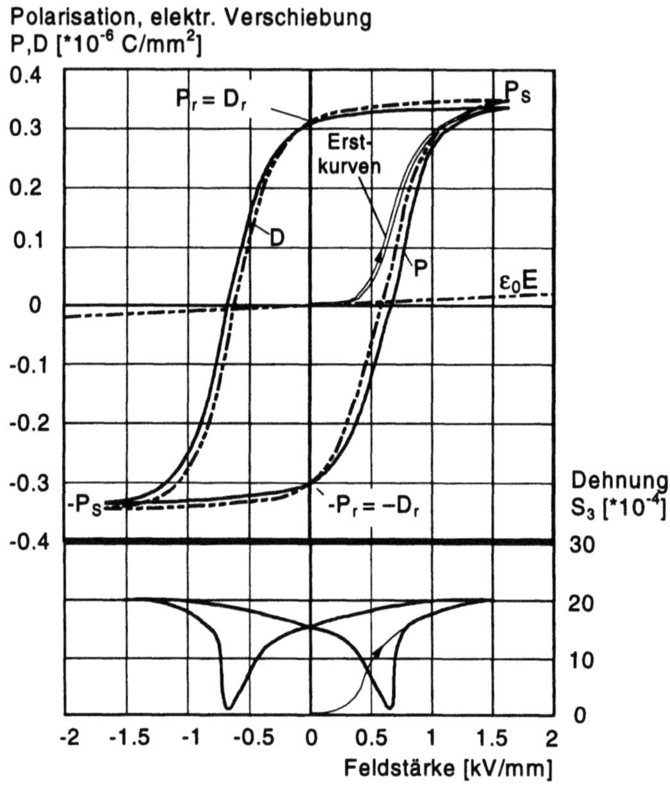

Bild 2.4. Typische Kennlinien von Piezokeramiken [2.39]

Durch Anlegen eines Gegenfeldes nimmt die Polarisation ab, bis sie bei der Koerzitivfeldstärke E_C ganz verschwindet. Durch weitere Erhöhung des Gegenfeldes tritt eine Polarisation in der Gegenrichtung auf, bis sich die Sättigungspolarisation P_S einstellt. Durch Abschalten des Gegenfeldes resultiert die remanente Polarisation P_r. Anlegen eines Feldes in der ursprünglichen Richtung ergibt wieder die Sättigungspolarisation P_S. Die Hysteresekurve ist für die verschiedenen Werkstoffe unterschiedlich, im allgemeinen beträgt die remanente Polarisation ca. 0.3 C/m^2.

Die Polarisierung führt infolge des elektrischen Feldes zu einer Ausdehnung der vorher unpolarisierten Probe in Polarisationsrichtung. Da das Volumen der Probe in erster Näherung konstant bleibt, ergibt sich eine relative Verkürzung in der orthogonalen Richtung (Querkontraktion).

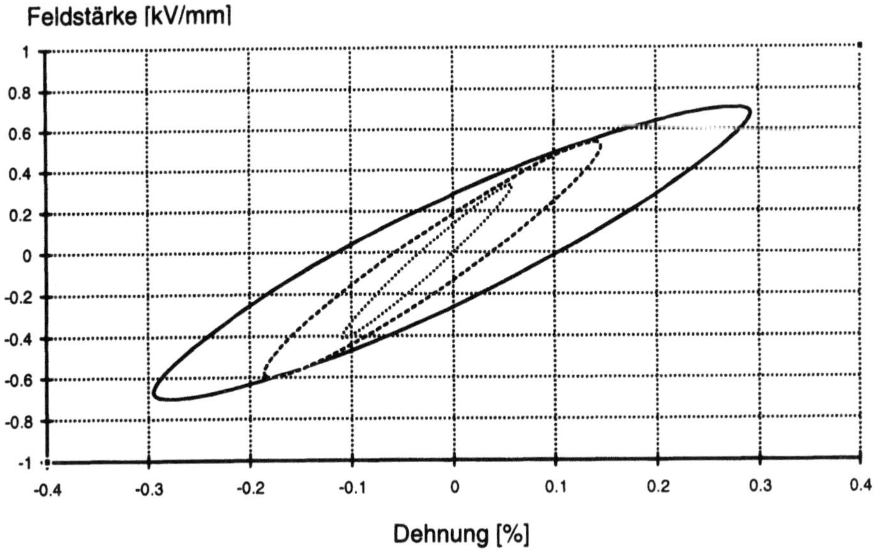

Bild 2.5. Kennlinienverläufe einer freien Piezokeramik bei unterschiedlichen Dehnungsniveaus

Die aus der näherungsweisen Volumenkonstanz resultierenden quantitativen Zusammenhänge von Ausdehnungen und Verkürzungen gelten ebenfalls bei Einwirkung einer mechanischen Beanspruchung. Bild 2.5 zeigt den gemessenen Kennlinienverlauf einer Piezokeramik mit unbehinderter Ausdehnung. Die Hystereseschleifen werden im Uhrzeigersinn durchlaufen. Die Hysterese tritt bei allen Niveaus der Feldstärke auf, unabhängig davon, ob mit Gleich- oder Wechselspannung gespeist wird. Die Steigung der Hystereseschleifen nimmt mit zunehmender Feldstärke ab. Ebenso nimmt die Hysteresebreite mit zunehmender Feldstärke zu. Wird die Differenz des Minimal- und Maximalwertes der Dehnung auf die Hysteresebreite (Differenz des Minimal- und Maximalwertes der Dehnung bei Feldstärke Null) bezogen, ergibt sich die relative Hysteresebreite h^* nach Bild 2.6.

2.2.2 Depolarisierungseffekte

2.2.2.1 Die elektrische Depolarisierung

Für Anwendungen wie die statische Verformungskontrolle werden in der Regel möglichst grosse induzierte Deformationen bzw. Dehnungen benötigt. Deshalb ist es wünschenswert, dass volle Potential des piezoelektrischen Effektes zu nutzen. Bei zu grossen elektrischen Feldern können jedoch die Polarisation und damit die piezoelektrischen Eigenschaften zerstört werden.

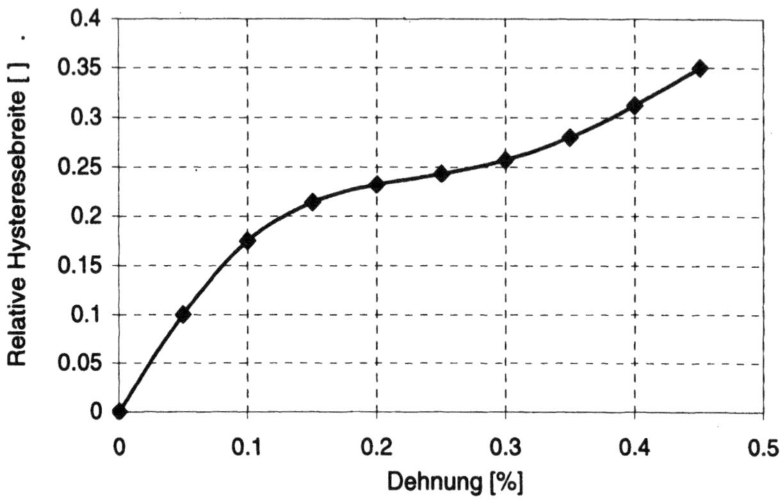

Bild 2.6. Relative Hysteresebreite als Funktion der Maximaldehnung

Die Eigenschaften der piezoelektrischen Keramiken sind unter anderem auch zeitabhängig. Die Abnahme der Polarisation infolge des Alterungseffektes erfolgt jedoch recht langsam und ist materialabhängig. Bezogen auf den Kopplungsfaktor k_p kann als Anhaltswert eine ca. 5 bis max. 10prozentige Abnahme nach 10 Jahren angegeben werden.

Die für die Depolarisierung nötige Feldstärke ist neben der Materialsorte auch eine Funktion der Einwirkungsdauer und der Temperatur. Bei einem statischen Feld liegt sie im allgemeinen zwischen 500 und 1000 V/mm. Wechselfelder können ebenfalls eine Depolarisierung hervorrufen. Die Depolarisierung tritt gerade in der Halbperiode, in der die elektrische Feldstärke der bei der Polarisierung angelegten entgegengerichtet ist (Koerzitivfeldstärke), auf.

Sind jedoch das zur Polarisierung verwendete und das angelegte Feld gleichgerichtet, wird die Polarisation erhöht. Damit darf die Feldstärke beträchtlich grösser als 1000 V/mm sein. Die Höhe der Feldstärke ist lediglich durch die Durchschlagsfestigkeit der Keramik begrenzt.

Wird die Koerzitivfeldstärke E_C für eine gewisse Zeit angelegt, wird die Piezokeramik entgegengesetzt zur ursprünglichen Polarisationsrichtung neu polarisiert. Ist die angelegte Feldstärke nur etwas kleiner als E_C, wird die Keramik trotzdem depolarisiert und in entgegengesetzter Richtung polarisiert, allerdings viel langsamer.

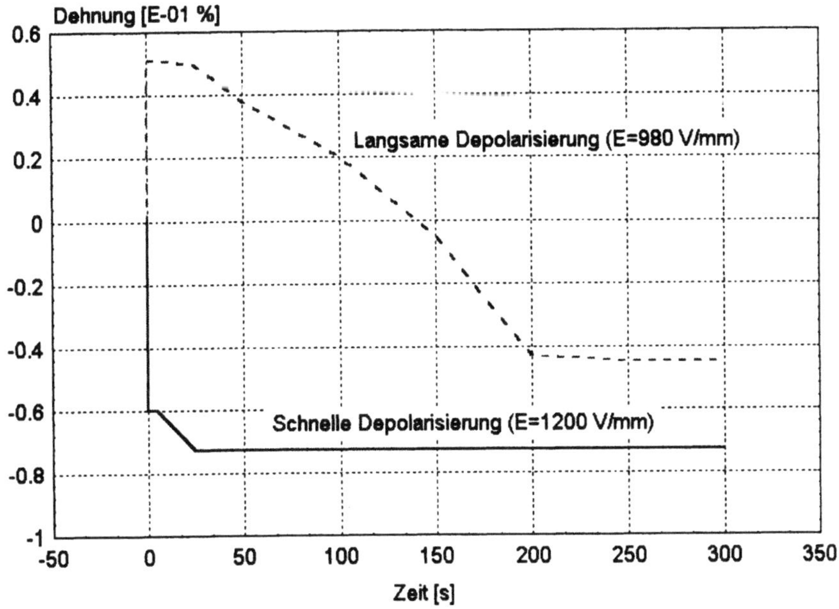

Bild 2.7. Elektrische Depolarisierung an einer freien Piezokeramik

Bild 2.7 zeigt die Dehnung an einer freien Piezokeramik infolge sprunghafter Beaufschlagung ($t \leq 0.1$ s) mit einem elektrischen Feld entgegengesetzt zur Polarisationsrichtung. Für beide Felder ergibt sich an der Piezokeramik eine Dehnung von 0.4 bis 0.5 % innerhalb einer Sekunde. Bei einer Feldstärke $E_C \approx 980$ V/mm findet die langsamere Depolarisierung über einen Zeitraum von ca. 5 Minuten statt. Die resultierende Dehnung entspricht derjenigen in der entgegengesetzten Richtung. Bei der Feldstärke $E_C \approx 1200$ V/mm erfolgt die Depolarisierung und anschliessende Repolarisierung innerhalb von ca. 2 Sekunden.

Degradationseffekte infolge De- und Repolarisierung können durch elektrische Zyklen bestimmt werden. Dazu wird eine Feldstärke entgegen der Polarisationsrichtung für eine definierte Zeitspanne (ca. 30 Sekunden) angelegt, um die Keramik zu depolarisieren. Danach wird die Richtung des Feldes umgekehrt, die Keramik wird repolarisiert. Messungen haben gezeigt, dass keine nennenswerten Veränderungen der piezoelektrischen Eigenschaften zu registrieren waren (Keramiken: PEX5, PZT G-1195).

Für dynamische Anwendungen ist auch die limitierende Grösse bezüglich der nutzbaren induzierten Dehnung zu beachten. Die Feldstärke des Wechselfelds muss zur Depolarisierung der Keramik grösser sein als die Koerzitivfeldstärke. Bei einer Orientierung des Wechselfeldes entgegen der Polarisationsrichtung tritt die Depolarisierung ein. Die Koerzitivfeldstärke E_C ist eine Funktion der Frequenz. Deshalb wird sie häufig für den statischen Fall und bei 60 Hz angegeben.

Für praktische Anwendungen sollte die Feldstärke entgegen der Polarisationsrichtung nicht grösser als 85 % der Koerzitivfeldstärke E_C sein. In Richtung der Polarisation ist eine Begrenzung durch die mechanische Festigkeit der Keramik gegeben. Bei Überschreiten einer kritischen Dehnung bzw. Spannung kann die Keramik brechen.

Die Erhöhung der anlegbaren Feldstärke kann durch eine elektrische Vorspannung der Keramik erfolgen. Dazu wird ein Feld in Richtung der Polarisation mit einer solchen Feldstärke angelegt, dass im Betrieb die Koerzitivfeldstärke E_C mit Sicherheit nicht erreicht wird.

2.2.2.2 Die mechanische Depolarisation

Bei einer zu hohen mechanischen Beanspruchung des piezoelektrischen Bauelements kann eine mechanische Depolarisierung des Werkstoffs eintreten. Die Orientierung der Domänen kann dabei teilweise oder auch völlig beseitigt werden. Daraus ergibt sich wiederum eine Verminderung bzw. eine Elimination des piezoelektrischen Effektes. Die zulässige Spannung, bei der noch keine Depolarisierung auftritt, ist stark materialabhängig. Sie liegt bei ca. 20 bis 50 N/mm^2.

2.2.2.3 Die thermische Depolarisierung

Wird das Material bis zum Curie-Punkt T_C erwärmt, erfolgt eine vollständige thermische Depolarisierung, und die Domänen gehen in einen ungeordneten Zustand über. Soll das piezoelektrische Bauelement über einen längeren Zeitraum ohne merkliche Depolarisierung betrieben werden, kann dies nur bei einer Temperatur beträchtlich unterhalb der Curie-Temperatur T_C erfolgen.

2.2.3 Die elektromechanische Materialmatrix

Bei piezoelektrischen Materialien wird die Richtung der positiven Polarisation gewöhnlich so gewählt, dass sie mit der z-Achse eines rechtwinkligen Systems kristallographischer Achsen (kartesisches Koordinatensystem x, y, z) zusammenfällt. Diese Koordinaten werden mit den Indizes 1, 2 bzw. 3 bezeichnet (Bild 2.8). Die für die piezoelektrischen Werkstoffe relevanten elektrischen und mechanischen Grössen sind durch eine Reihe von Konstanten verknüpft. Da piezoelektrische Bauelemente bereits in einer bestimmten Richtung (3) polarisiert sind und sich daher orthotrop verhalten, hängen diese Konstanten von der Richtung des elektrischen Feldes, der elektrischen Verschiebung, der mechanischen Spannung und der Dehnung ab. Um eine eindeutige Bezeichnung der Konstanten zu gewährleisten, wird eine Doppelindizierung verwendet, die die Richtungsinformation enthalten. Ein oberer Index gibt ferner an, welche Grösse konstant bleibt. Die beschriebene Indizierung wird anhand eines Beispiels verdeutlicht.

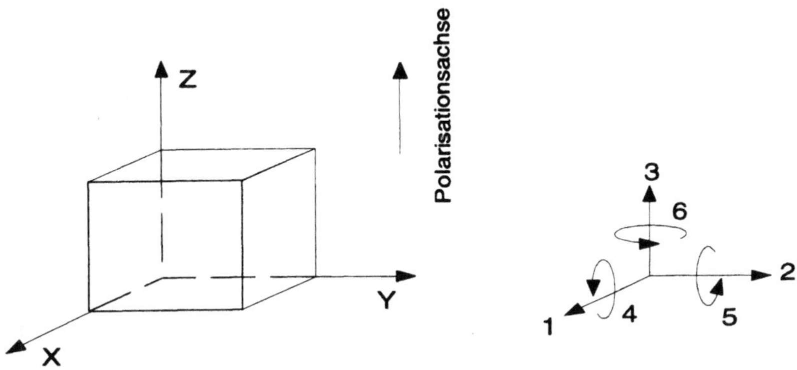

Bild 2.8. Definition der Koordinatensysteme (Polarisations- und Deformationskoordinatensysteme)

Die (absolute) Dielektrizitätskonstante ist das Verhältnis zwischen elektrischer Verschiebung und Feldstärke. Der erste Index gibt die Richtung der elektrischen Verschiebung an, der zweite die Richtung des elektrischen Feldes. Die Elektroden sind senkrecht zur Richtung 1 angebracht.

ε^{T}_{11}

T — mechanische Spannung konstant
1. Index 1 — elektrische Verschiebubng hat Richtung 1
2. Index 1 — elektrische Feldstärke hat Richtung 1

Die Elastizitätskonstante ist das Verhältnis zwischen Dehnung und mechanischer Spannung. Der erste Index bezieht sich auf die Richtung der Dehnung, der zweite auf die Richtung der mechanischen Spannung. Die mechanischen Spannungen in allen anderen Richtungen sind konstant.

s^{E}_{11}

E — Feldstärke konstant
1. Index 1 — Dehnung hat Richtung 1
2. Index 1 — mechanische Spannung hat Richtung 1

Die piezoelektrische Ladungskonstante ist das Verhältnis aus elektrischer Verschiebung und mechanischer Spannung oder zwischen Dehnung und Feldstärke. Der erste Index bezieht sich auf die erzeugte elektrische Verschiebung oder auf die angelegte Feldstärke, der zweite auf die angelegte mechanische Spannung bzw. die erzeugt Dehnung.

d_{31}

1. Index 3 — erzeugte elektrische Verschiebung oder angelegtes Feld hat Richtung 3
2. Index 1 — angelegte mechanische Spannnung oder erzeugte Dehnung hat Richtung 1

Die piezoelektrische Spannungskonstante ist das Verhältnis aus Feldstärke und mechanischer Spannung oder zwischen Dehnung und elektrischer Verschiebung. Der erste Index bezieht sich auf die erzeugte Feldstärke oder die angelegte elektrische Verschiebung, der zweite auf die angelegte mechanische Spannung bzw. auf die erzeugte Dehnung.

g_{31} — angelegte mechanische Spannnung oder erzeugte Dehnung hat Richtung 1

└── erzeugte Feldstärke oder angelegte elektrische Verschiebung hat Richtung 1

Die Zustandsgleichungen der gepolten PZT-Keramiken weisen eine Rotationssymmetrie zur Polarisationsachse auf. Für den isothermen Fall ergeben sich die Zustandsgleichungen

$$\mathbf{S} = \mathbf{s}^{\mathbf{E}}\mathbf{T} + \mathbf{d}\,\mathbf{E} \tag{2.4}$$

$$\mathbf{D} = \mathbf{d}\,\mathbf{T} + \boldsymbol{\varepsilon}^{\mathbf{T}}\,\mathbf{E} \tag{2.5}$$

In diesen Gleichungen beschreibt die piezoelektrische Konstante **d** die Stärke des piezolektrischen Effektes. ε^{T} ist die Dielektrizitätskonstante bei konstante mechanischer Beanspruchung (Spannung) **T**.

$\mathbf{s}^{E}$ steht für die Elastizitätskonstante bei konstanter elektrischer Feldstärke **E**, **D** die elektrische Flussdichte (bzw. elektrische Verschiebung) und **S** die Dehnung. Diese Grössen sind Tensoren erster bis vierter Stufe. In den folgenden Gleichungen sind die piezoelektrischen Zustandsgleichungen in Matrixschreibweise zusammengefasst. Die Bezeichnungen sind analog zur Nomenklatur in der Festkörperphysik bzw. der Kristallographie gewählt. Aufgrund der Symmetrie sind fünf elastische, drei piezoelektrische und zwei dielektrische Konstanten voneinander unabhängig [2.2].

$$\begin{Bmatrix} \mathbf{D} \\ \mathbf{S} \end{Bmatrix} = \begin{bmatrix} \mathbf{d} & \varepsilon^{T} \\ \mathbf{s}^{E} & \mathbf{d}_{t} \end{bmatrix} \begin{Bmatrix} \mathbf{T} \\ \mathbf{E} \end{Bmatrix} \tag{2.6}$$

Falls keine elektromechanische Kopplung vorliegt, ist das elektrische und mechanische Problem entkoppelt. Die mechanischen Zusammenhänge sind durch die Verknüpfung der Spannungen (Kräfte) und Dehnungen über die Steifigkeitsmatrix **c** bzw. die Nachgiebigkeitsmatrix **s** definiert. Analog dazu ist der Zusammenhang zwischen dem elektrischen Feld und der elektrischen Flussdichte durch die dielektrische Matrix gegeben. Es ergibt sich eine 9x9 Matrix zur Beschreibung der elektromechanischen Gleichungen. Die der Notation zugrunde liegende Definition des kartesischen 1,2,3- Koordinatensystems ist Bild 2.8 zu entnehmen. Die 3-Richtung entspricht bekanntlich der Polarisationsrichtung. Insgesamt treten in den elektromechanischen Gleichungen 3 dielektrische und 6 mechanische Grössen auf.

Die mechanischen Gleichungen beinhalten auch die Schubkopplung. Die Untermatrix der dielektrischen Konstanten ist diagonal, daher kann keine Kopplung zwischen Grössen unterschiedlicher Richtungen auftreten.

$$\begin{Bmatrix} D_1 \\ D_2 \\ D_3 \\ S_1 \\ S_2 \\ S_3 \\ S_4 \\ S_5 \\ S_6 \end{Bmatrix} = \left[\begin{array}{cccccc:ccc} 0 & 0 & 0 & 0 & d_{15} & 0 & \varepsilon_{11}^T & 0 & 0 \\ 0 & 0 & 0 & d_{15} & 0 & 0 & 0 & \varepsilon_{11}^T & 0 \\ d_{31} & d_{31} & d_{33} & 0 & 0 & 0 & 0 & 0 & \varepsilon_{33}^T \\ \hdashline s_{11}^E & s_{12}^E & s_{13}^E & 0 & 0 & 0 & 0 & 0 & d_{31} \\ s_{12}^E & s_{11}^E & s_{13}^E & 0 & 0 & 0 & 0 & 0 & d_{31} \\ s_{13}^E & s_{13}^E & s_{33}^E & 0 & 0 & 0 & 0 & 0 & d_{33} \\ 0 & 0 & 0 & s_{44}^E & 0 & 0 & 0 & d_{15} & 0 \\ 0 & 0 & 0 & 0 & s_{44}^E & 0 & d_{15} & 0 & 0 \\ 0 & 0 & 0 & 0 & 0 & 2(s_{11}^E - s_{12}^E) & 0 & 0 & 0 \end{array}\right] \begin{Bmatrix} T_1 \\ T_2 \\ T_3 \\ T_4 \\ T_5 \\ T_6 \\ E_1 \\ E_2 \\ E_3 \end{Bmatrix} \qquad (2.7)$$

Piezokeramiken verhalten sich transvers isotrop bezüglich ihrer mechanischen, elektrischen und piezoelektrischen Eigenschaften. Damit werden die Eigenschaften in der 1-2-Ebene als isotrop angenommen. Vor der Polarisierung ist sie vollkommen isotrop. Erst der Polarisierungsprozess führt dazu, dass die Eigenschaften der 3-Richtung verschieden sind. Die transversale Isotropie erlaubt die Substitution der Indizes 1 und 5 durch die Indizes 2 und 4. Eine Schubdehnung in der 1-2-Ebene kann nicht piezoelektrisch in die Keramik induziert werden.

Aufgrund der vorhandenen Symmetrien treten nur drei unabhängige Koeffizienten d_{ij} in der Matrix **d** auf. In der Literatur werden sie auch als piezoelektrische Dehnungskoeffizienten bezeichnet.

Die Konstante d_{33} beschreibt die Dehnung in 3-Richtung infolge eines angelegten Feldes in derselben Richtung. Wird eine elektrische Spannung zwischen den Elektroden angelegt, erzeugt der Potentialunterschied das Feld, das zwischen den Elektroden und damit auch durch die Piezokeramik als konstant angenommen wird. Es stellt sich eine positive Dehnung S_3 ein. Die resultierende Verschiebung ergibt sich aus dem Produkt von Dehnung und Dicke. Die Dehnung ist definiert als

$$\frac{\Delta t}{t} = d_{33} \frac{V_3}{t} \qquad (2.8)$$

bzw.

$$S_3 = d_{33} E_3 \qquad (2.9)$$

Die Dicke einer Piezokeramik wird durch zwei Randbedingungen begrenzt. Zum einen muss sie polarisierbar sein, wozu Feldstärken von mindestens 1 bis 1.5 kV/mm notwendig sind. Selbst wenn dies möglich ist, muss in der Anwendung dann ebenfalls die gleich grosse Feldstärke angelegt werden, um die maximale Dehnung der Piezokeramik zu erhalten. Statt sehr hoher Feldstärken an einer Keramik bietet sich die Stapelung von Keramiken in paralleler Anordnung an. Jede Keramik wird mit derselben, vergleichsweise niedrigeren Spannung gespeist. Die individuellen Deformationsanteile addieren sich zu einer relativ grossen Gesamtdeformation.

Die Konstante d_{31} charakterisiert das Dehnungsverhalten senkrecht zur Polarisationsrichtung (d. h. in der 1-2-Ebene) infolge eines Feldes E_3. Diese Konstante wird häufig mit einem negativen Wert angegeben, da sie ähnlich dem Querkontraktionseffekt aufgrund einer Kopplung infolge Dehnung aus d_{33} resultiert. Bei einem positiven Feld E_3 resultiert eine positive Dehnung S_3 und negative Dehnungen S_1 und S_2.

Die Dehnung in 1- bzw. 2-Richtung ist

$$-\frac{\Delta w}{w} = d_{31}\frac{V_3}{t} \tag{2.10}$$

bzw.

$$S_1 = d_{31}E_3 \tag{2.11}$$

Um die relativ kleinen Deformationen zu verstärken, bietet sich das bimorphe Design an. Dazu werden zwei aktive Elemente zu einem Sandwichelement zusammengefügt.

Bei einem seriellen bimorphen Element sind die aktiven Elemente mit der Speisequelle in Serie geschaltet. Es wird also immer ein Element einer Feldstärke entgegen der Polarisationsrichtung ausgesetzt, wodurch die Gefahr der Depolarisation gegeben ist. Bei parallelen bimorphen Element wird jedes aktive Element mit derselben Spannungsquelle angesteuert. Dadurch wird eine Depolarisation vermieden, da die Felder in Richtung der Polarisationsachse liegen (siehe Bild 2.9). Die parallele Ansteuerung erlaubt etwa doppelt so grosse Auslenkungen wie die serielle. Da zur Vermeidung von Depolarisationen die Betriebsspannung einen Grenzwert nicht unterschreiten darf, wird an beiden Keramiken eine elektrische Vorspannung U_1 in Polarisationsrichtung angebracht. Diese Vorspannung U_1 ist grösser als die einstellbare Betriebsspannung U_2.

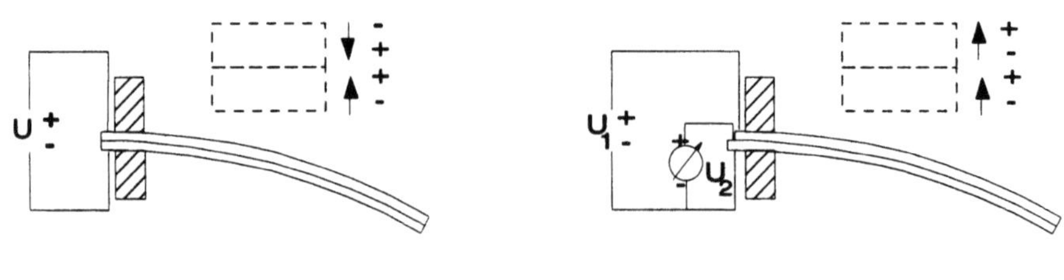

Bild 2.9. Serielle und parallele Ansteuerung von bimorphen Elementen

Tabelle 2.2. Auslegungsformeln für bimorphe Biegeelemente [2.40]

Grösse	Einheit	paralleler Bimorph	serieller Bimorph
Auslenkung δ	[m/V]	$9 \cdot 10^{-10} \frac{l^2}{h^2}$	$4.5 \cdot 10^{-10} \frac{l^2}{h^2}$
Durchbiegung	[m/N]	$7 \cdot 10^{-11} \frac{l^3}{Bh^3}$	$7 \cdot 10^{-11} \frac{l^3}{Bh^3}$
Resonanzfrequenz	[Hz]	$400 \frac{h}{l^2}$	$400 \frac{h}{l^2}$
Ausgangsspannung	[V/N]	$10^{-2} \frac{l}{hB}$	$2 \cdot 10^{-2} \frac{l}{hB}$

Bei einer Feldstärke von E=500 V/mm ergeben sich bei einem 35 mm langen und 0.6 mm dicken bimorphen Element eine Auslenkung von 1.5 mm. Für Aktuatoren sollte die parallele, für Sensoren die serielle Anordnung gewählt werden.

Die dritte piezoelektrische Dehnungskonstante d_{15} wird relativ selten für die praktische Anwendung genutzt. Die Elektroden sind parallel zur Polarisationsrichtung angeordnet, das Feld in 1- bzw. 2-Richtung. Es resultieren Schubdehnungen in der 1-3- oder 2-3-Ebene.

$$\frac{\Delta x}{t} = d_{15} \frac{V_1}{t} \tag{2.12}$$

bzw.

$$S_5 = d_{15} E_1 \tag{2.13}$$

Die Konstante d_{15} ist grösser als d_{31} und d_{33}. Um jedoch grosse Dehnungen zu erhalten, müssen entsprechend grosse Feldstärken angelegt werden. Dies ist auch für die Initialpolarisierung der Keramik notwendig.

2.2.3.1 Die Grenzen des linearen Materialmodells

Die Annahme einer linearen Beziehung zwischen dem elektrischen Feld und der mechanischen Dehnung bei einer freien Piezokeramik[4] trifft die realen Verhältnisse nur ungenau. Das reale Verhalten ist jedoch nichtlinear. Die Herstellerangaben orientieren sich an dem IEEE Standard, der die Eigenschaften jedoch nur bis einer maximalen Feldstärke von 10 V/mm bestimmt. Die Materialkennwerte wie z. B. d_{31} beschreiben nicht die elektromechanische Beziehung für grosse Feldstärken von 1000 V/mm. Tests an Piezokeramiken belegen das nicht lineare Verhalten.

[4] Freie, unbehinderte Verformung.

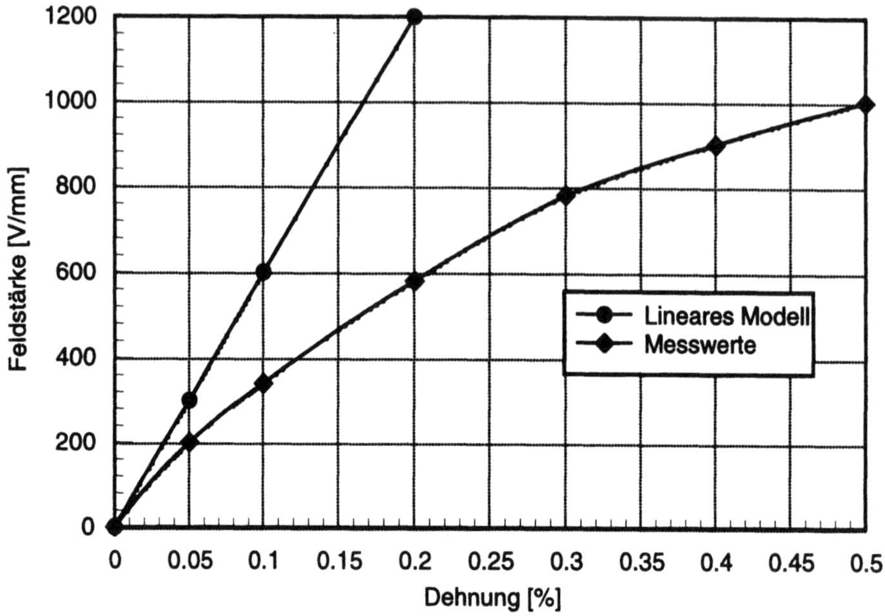

Bild 2.10. Dehnungs- Feldstärkekurve einer Piezokeramik (freie Verformung)

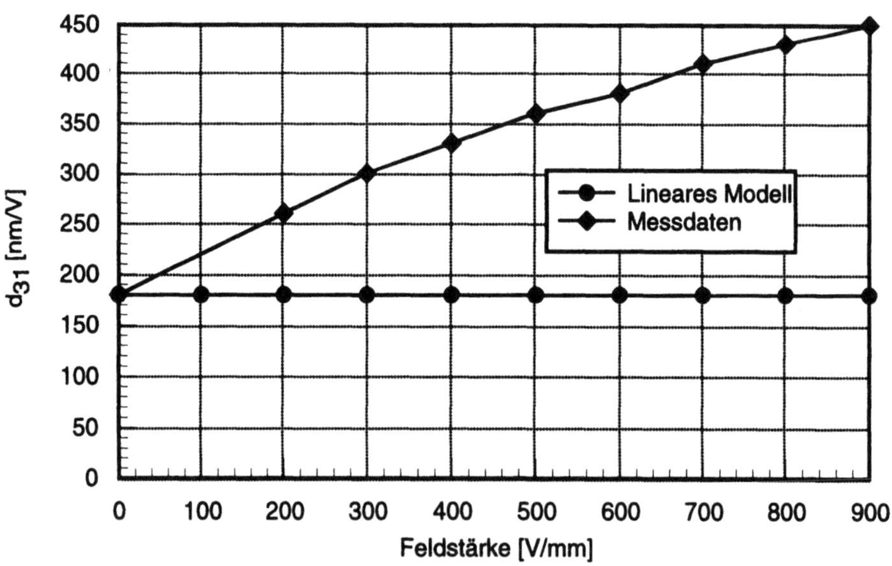

Bild 2.11. d_{31} als Funktion der Feldstärke [2.40]

Bild 2.10 macht deutlich, dass das lineare Modell für grosse Feldstärken die resultierende Dehnung zu klein angibt. Der Unterschied zum realen, nicht linearen Verhalten liegt bei einem Faktor 3. Es muss daher eine von der Feldstärke abhängige Formulierung der elektromechanischen Dehnungskonstanten gewählt werden, ähnlich der Definition des Sekantenmoduls in der Mechanik.

$$d_{31}^* \overset{!}{=} \frac{S_1}{E_3} \tag{2.14}$$

Bild 2.11 zeigt den Verlauf von d^*_{31} als Funktion der Feldstärke. Dies ist die umgerechnete Darstellung der Dehnungs-Feldstärke-Beziehung. Ferner ist die Abhängigkeit des Verlaufs der Konstanten d^*_{31} vom Dehnungsniveau (infolge elektrischer Beanspruchung) und von der Zeit von Bedeutung. Die Messungen belegen, dass eine solche Abhängigkeit vorliegt. Im Gegensatz dazu beeinflusst die mechanische Beanspruchung die elektromechanische Dehnungskonstante nur gering. Versuchsergebnisse zeigen, dass mechanische Lasten, die eine Dehnung bis zu 0.6% in der Keramik hervorrufen, nur eine Änderung von ca. 2% bezüglich d^*_{31} bewirken. Das Kriechen der Piezokeramik ist nicht eine Folge der mechanischen, sondern der elektrischen Beanspruchung (d. h. der Feldstärke). Dieser Effekt kann mit der weiteren Ausrichtung der Dipole begründet werden, die nach der Polarisation noch nicht perfekt ausgerichtet sind.

Die Zeitabhängigkeit der Dehnung bei konstanten Feldstärkeniveaus zeigt Bild 2.12. Die Spannung wurde dazu innerhalb einer Zehntelsekunde aufgebracht.

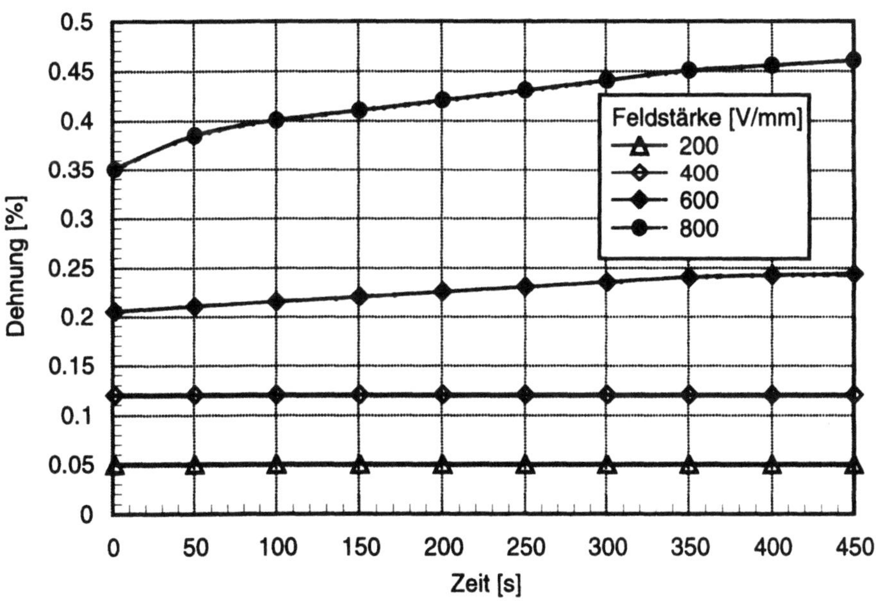

Bild 2.12. Zeitabhängige Dehnung als Funktion des Feldstärkeniveaus

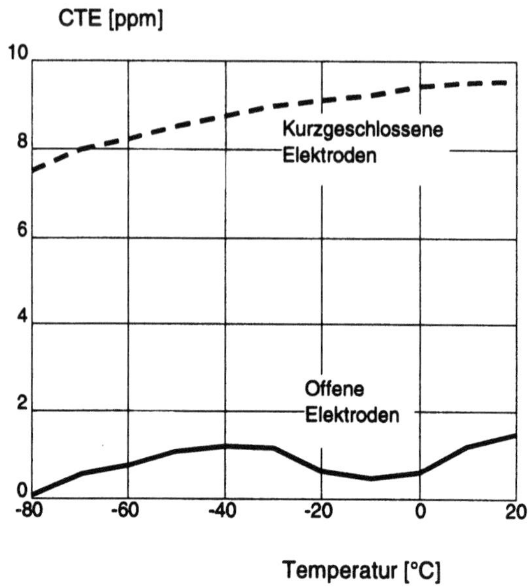

Bild 2.13. CTE-Wärmeausdehnungskoeffizient einer Piezokeramik (Philips PEX-5) als Funktion der Temperatur

Der grösste Anteil der maximalen Dehnung wird für alle Feldstärken innerhalb einer Sekunde erreicht. Die Kriechneigung ist jedoch für höhere Feldstärken deutlicher ausgeprägt (nach 400 Sekunden ca. 25%).

Auch bezüglich der Wärmeausdehnung verhalten sich Piezokeramiken nicht linear. Bild 2.13 zeigt den Wärmeausdehnungskoeffizienten (engl.: CTE= Coefficient of thermal expansion) einer polarisierten Keramik in Abhängigkeit von der Temperatur. Die Keramik ist nicht kurzgeschlossen, deshalb überlagert sich zu der Ausdehnung des Materials der pyroelektrische Effekt. Diese Messungen bestätigen, dass die Wärmeausdehnung der polarisierten Keramik mit offenen Elektroden. betragsmässig kleine Dehnungen zeigt. Bei kurzgeschlossenen Elektroden steigt die Wärmeausdehnung erheblich. Dieser Effekt wird durch weitere experimentelle Untersuchungen in der Zukunft weiter zu untersuchen sein, da diese Materialkonstante für die Fertigung aktiver Funktionsbauweisen in der in-situ Technik von grosser Bedeutung ist. Dies ist ebenfalls für das Verhalten der Keramiken unter Betriebsbedingungen bei hochgenauen, verformungskontrollierten Anwendungen von Bedeutung.

2.2.3.2 Rückschlüsse aus dem nichtlinearen Verhalten

Aufgrund der dargestellten Untersuchungen können nunmehr einige Rückschlüsse bzw. Empfehlungen für den Einsatz als aktive Elemente gegeben werden. Die Effekte mit dem grössten Einfluss sind die Depolarisation, die Dehnungsabhängigkeit der elektromechanischen Dehnungskonstante, das Kriechen und die Frequenzabhängigkeit.

Bezüglich der Depolarisation kann nur empfohlen werden, die Piezokeramik mit einem in Polarisationsrichtung orientierten Feld zu betreiben. Dazu muss durch Messungen auch die Grösse der Koerzitivfeldstärke ermittelt werden, und zwar bei der entsprechenden Betriebsfrequenz der Piezokeramik. Der Wert für E_C unter statischer Belastung ist immer kleiner als unter dynamischer.

Ausserdem muss der nutzbare Bereich der Feldstärke ermittelt werden. Das Feld entgegen der Polarisationsrichtung sollte mit einer maximalen Feldstärke von ca. 80% E_C betrieben werden. Falls grössere Dehnungen benötigt werden, kann mit einer «elektrischen Vorspannung» in Polarisationsrichtung der Bereich der nutzbaren Feldstärke verschoben werden. Für lange Einsätze muss eine periodische Kontrolle der piezoelektrischen Eigenschaften erfolgen, um einen Leistungsabfall infolge Depolarisation erkennen zu können. Dies ist besonders bei zahlreichen, verteilten aktiven Elementen in einer Konstruktion wichtig. Die Grenzwerte für die mechanische, elektrische und thermische Depolarisation sind einzuhalten. Dabei ist zu berücksichtigen, dass diese Effekte sich gegenseitig beeinflussen, d.h. eigentlich ist ein Depolarisationsindex zu beachten. Unter Umständen ist es je nach Einsatzbedingungen sogar erforderlich, in definierten zeitlichen Abständen die Elemente wieder zu repolarisieren. In Tests haben die piezoelektrischen Eigenschaften von Keramiken, die mehr als 20 mal repolarisiert wurden, keinerlei Leistungsabfall gezeigt.

Bezüglich des nichtlinearen Verhaltens bleibt festzustellen, dass die Nicht-Linearität bei kleinen Dehnungsniveaus weniger stark ausgeprägt ist. Werden die Piezokeramiken als Dehnungsaktuatoren eingesetzt, wird infolge Dehnungsbehinderung durch die eigentliche Struktur die Dehnung der Keramik verringert. Daraus ergibt sich eine Verminderung des nichtlinearen Verhaltens. Dies ist beispielsweise für Anwendungen mit kleinen, jedoch sehr präzisen Dehnungen der Fall. Wird jedoch das Maximum an Aktuationsdehnung für die spezifische Anwendung benötigt, muss die Dehnungsabhängigkeit durch ein modifiziertes Modell mitberücksichtigt werden. Der Zusammenhang kann aufgrund von Messungen bestimmt werden und dann durch ein Näherungspolynom hinreichend genau beschrieben werden. Als weitere Möglichkeit kommt die Linearisierung des Zusammenhangs zwischen Feldstärke und Dehnung im Betriebsbereich in Frage.

Die Hysterese betreffend kann für dynamische Anwendungen vereinfachend nur mit den relativen Amplituden von Feldstärke und Dehnung gearbeitet werden. Sie ist wie eine Phasenverschiebung zu behandeln oder im physikalischen Sinne als zusätzliche Dämpfung aufzufassen. Für statische Anwendungen kann die Hysterese durch eine Regelung effektiv kompensiert werden. Eine weitere Möglichkeit besteht darin, statt mit einer Spannungsansteuerung mit einer Ladungsansteuerung zu arbeiten.

In den meisten Anwendungsfällen wird das Kriechen einfacher zu handhaben sein als die Hysterese. Bei hohen Frequenzen ist das Kriechen ohnehin unproblematisch. Es tritt nur bei hohen statischen Feldstärken auf und kann durch eine entsprechende Regelung ebenfalls kompensiert werden. Damit kann die erforderliche Feldstärke bzw. Ladung in der Piezokeramik nachgeregelt werden.

2.2.4 Beeinflussung der transversalen Aktuationsdehnung von Piezokeramiken durch modifiziertes Elektrodendesign

Zur Erzeugung von Aktuationsdehnungen in piezokeramischen Scheiben wird meist die in Bild 2.14 gezeigte Konfiguration a gewählt. Die Polarisationsrichtung ist senkrecht zur Scheibenebene und der transverse piezoelektrische Effekt (d_{31}) wird zur Aufbringung von Dehnungen in der x-y-Ebene benutzt.

Mit der Elektrodenkonfiguration b wird ein elektrisches Feld aufgebaut, das grösstenteils in der x-y-Ebene der Scheibe in x-Richtung orientiert ist. Damit kann der longitudinale Effekt (d_{33}) in dieser Richtung ausgenutzt werden [2.41].

Da der longitudinale Effekt bis zu 250% grösser sein kann als der transversale ($d_{33}/d_{31}\approx 2.5$),kann eine entsprechend grössere Aktuationsdehnung erwartet werden. Ferner ist die Aktuation in der x-y-Ebene anisotrop, da der transversale Effekt die Kontraktion in y-Richtung bestimmt. Den Verlauf der elektrischen Feldlinien in der piezoelektrischen Scheibe infolge der modifizierten Elektrodenanordnung zeigt Bild 2.15.

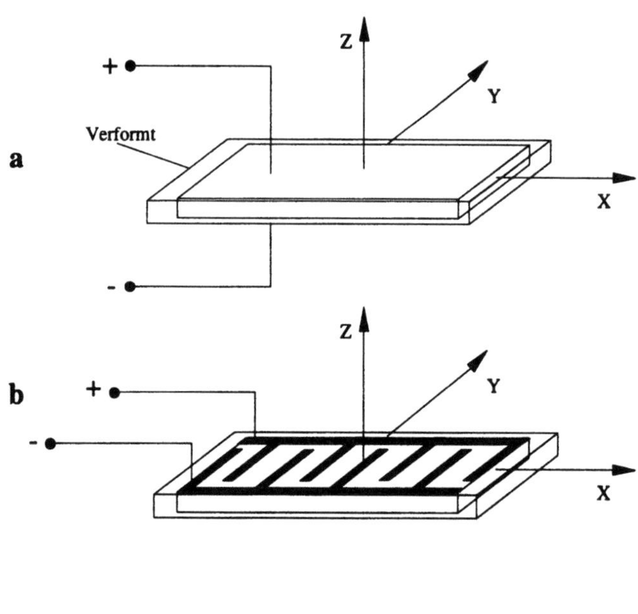

Bild 2.14. Piezoelektrische Scheiben mit unterschiedlicher Elektrodenkonfiguration [2.41]

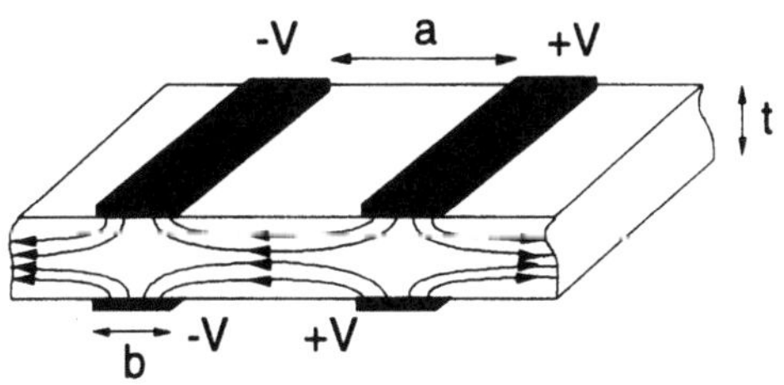

Bild 2.15. Verlauf der elektrischen Feldlinien bei modifizierter Elektrodenanordnung

Ganz wesentlich ist die Tatsache, dass die Elektroden sowohl zur Polarisation der Piezokeramik als auch zur Aktuation benutzt werden. Die Abbildung verdeutlicht ferner die Ungleichmässigkeit des Feldes und der sich daraus ergebenden Dehnungen, woraus innere Spannungen und eine unvollständige Polarisation resultiert. Die Berechnung der mechanischen Verschiebungen und des elektrischen Potentials kann mit der FE-Methode durchgeführt werden. Finite Elemente Programme können piezoelektrische Komponenten mit Hilfe von Volumenelementen (Hexaeder, Tetraeder) modellieren. Diese Elemente beinhalten bezüglich ihrer Formulierung neben den mechanischen Anteilen wie Masse, Dämpfung und Steifigkeit ebenfalls die dielektrische Dämpfung, die dielektrische Leitfähigkeit und die piezoelektrische Kopplung.

Die gekoppelte Bewegungsgleichung lautet:

$$\begin{bmatrix} \mathrm{M} & 0 \\ 0 & 0 \end{bmatrix} \begin{Bmatrix} \ddot{\mathrm{u}} \\ \ddot{\mathrm{V}} \end{Bmatrix} + \begin{bmatrix} \mathrm{C} & 0 \\ 0 & 0 \end{bmatrix} \begin{Bmatrix} \dot{\mathrm{u}} \\ \dot{\mathrm{V}} \end{Bmatrix} + \begin{bmatrix} \mathrm{K} & \mathrm{K}^{z} \\ \mathrm{K}^{z^{T}} & \mathrm{K}^{d} \end{bmatrix} \begin{Bmatrix} \mathrm{u} \\ \mathrm{V} \end{Bmatrix} = \begin{Bmatrix} \mathrm{F} \\ \mathrm{L} \end{Bmatrix} \tag{2.15}$$

mit

u: Verschiebungsvektor
V: elektrisches Potential
F: Kraftvektor
L: Ladungsvektor

Dabei ist die Massenmatrix

$$\mathbf{M} = \int_{vol} \rho \mathbf{N}^{u} \mathbf{N}^{u^{T}} d(vol) \tag{2.16}$$

die mechanische Dämpfungsmatrix

$$\mathbf{C} = \int_{vol} \mathbf{B}_u^T \kappa \mathbf{B}_u \, d(vol) \tag{2.17}$$

die Steifigkeitsmatrix

$$\mathbf{K} = \int_{vol} \mathbf{B}_u \mathbf{c} \mathbf{B}_u \, d(vol) \tag{2.18}$$

die dielektrische Leitfähigkeitsmatrix

$$\mathbf{K}^d = -\int_{vol} \mathbf{B}_v^T \varepsilon \mathbf{B}_v \, d(vol) \tag{2.19}$$

die piezoelektrische Kopplungsmatrix

$$\mathbf{K}^z = \int_{vol} \mathbf{B}_u^T \mathbf{d} \mathbf{B}_v \, d(vol) \tag{2.20}$$

Die Vektoren **F** bzw. **L** bezeichnen die mechanischen Lasten (Knotenlasten, Flächen- und Volumenlasten) bzw. die elektrischen Ladung (am Knoten). Die Matrix $\mathbf{B}_u$ steht für die differenzierte Matrix der Verschiebungs(ansatz)funktion $\mathbf{N}^u$, entsprechend ist die Matrix $\mathbf{B}_v$ die differenzierte Matrix der Ansatzfunktionen des elektrischen Potentials. **c** ist die Elastizitätsmatrix bei konstantem elektrischen Feld, ε die dielektrische Matrix bei konstanter mechanischer Dehnung und **d** die piezoelektrische Matrix. ρ bzw. κ sind Materialkenngrössen und bezeichnen die Dichte bzw. die Dämpfungskonstante.

Die Resultate der numerischen Simulation für die mechanische Dehnung bezogen auf das geometrische Verhältnis von Elektrodenabstand a und Scheibendicke t sind in Bild 2.16 dargestellt. Die mechanische Dehnung ist dabei spannungsnormiert. Die relative Dehnung steht für das Verhältnis der Dehnung mit modifizierten und konventionellen Elektroden. Es zeigt sich, dass erwartungsgemäss für grosse Werte von a/t asymptotisch das Verhältnis von d_{33}/d_{31} erreicht wird.

Die in Bild 2.17 dargestellten gemessenen Werte bestätigen dies nochmals. Es werden in x-Richtung bei einer Feldstärke E=500 V/mm für die modifizierte Elektrodenkonfiguration um den Faktor 1.5 grössere Dehnung erreicht verglichen mit der konventionellen Elektrodenkonfiguration.

Ausserdem ist darauf hinzuweisen, dass die Dehnungen in x- und y-Richtung um den Faktor 3.5 differieren, d.h. das modifizierte Design führt zu einem anisotropen Dehnungsverhalten, während der konventionelle piezoelektrische Aktuator sich isotrop verhält. Damit ist klar, dass das modifizierte Elektrodendesign deutliche spezifische Vorteile im Hinblick auf erreichbare Dehnungsbeträge und Richtungsabgängigkeit der Dehnungen bietet

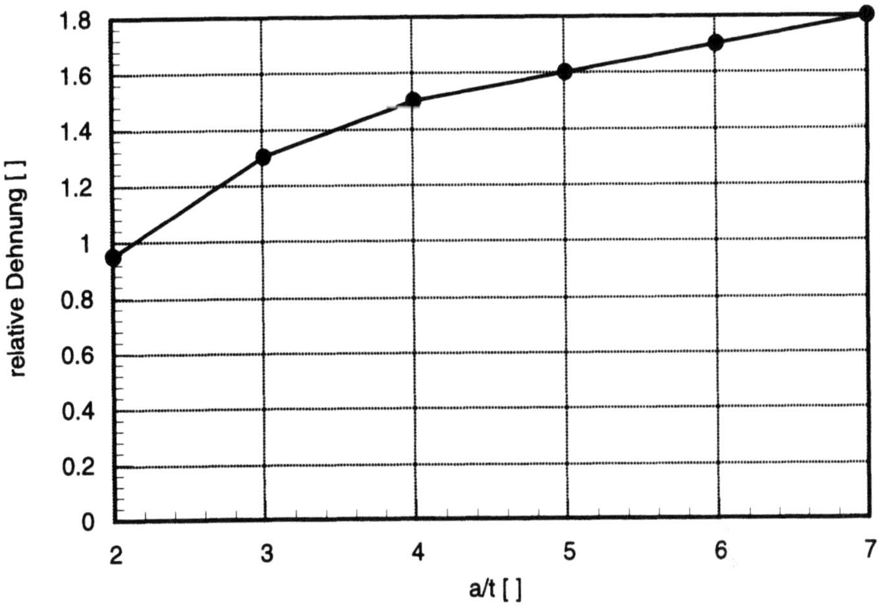

Bild 2.16. Relative Dehnung als Funktion der Geometrie (Elektrodenabstand und Scheibendicke)

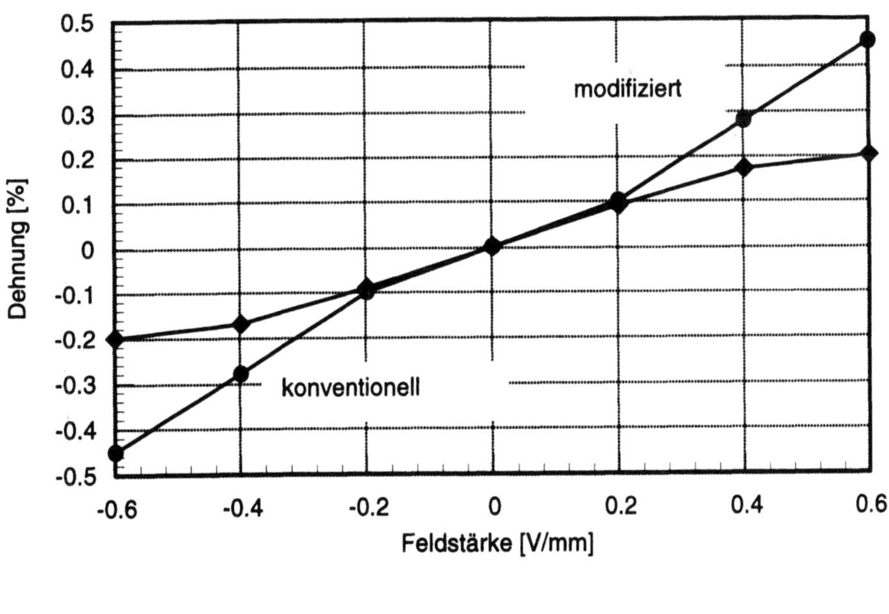

Bild 2.17. Dehnungen in x-Richtung als Funktion der Feldstärke für konventionelles und modifiziertes Elektrodendesign [2.41]

2.2.5 Spezielle Piezokeramiken mit grossem Dehnungsvermögen und «Gedächtniseffekt»

Keramiken, bestehend aus Blei und den Oxiden des Titans, Zirkoniums und Zinns sowie davon abgeleitete Verbindungen werden bereits seit ca. 20 Jahren hinsichtlich ihrer Verwendung zur Energieumwandlung untersucht. In diesen Keramiken kann die freie Energiedifferenz zwischen dem ferroelektrischen und antiferroelektrischen Zustand durch Modifikation der Zusammensetzung so beeinflusst werden, dass der Phasenübergang zwischen den beiden Zustandsformen durch ein elektrisches Feld oder hydrostatischen Druck hervorgerufen werden kann. Der Phasenübergang vom stabilen antiferroelektrischen zum ferroelektrischen erfolgt mit Hilfe eines elektrischen Feldes, während der Übergang vom ferroelektrischen zum antiferroelektrischen mit Hilfe einer Druckbeanspruchung stimuliert werden kann [2.5, 2.8, 2.10]. Bei der Inversion zum antiferroelektrischen Zustand gibt eine polarisierte Keramik die gesamte Polarisationsladungen wieder ab. Dadurch fliesst ein augenblicklich hoher Strom.

Unter Piezoelektrizität wird die Generierung von elektrischer Ladung durch eine mechanische Beanspruchung, d. h. Spannung verstanden. Dies ist der direkte piezoelektrische Effekt, die Ladung ist proportional zur einwirkenden Kraft und ist deshalb analog zur Kraft vorzeichenbehaftet.

Die Ferroelektrizität bezeichnet die Reversibilität in einem polaren Kristall bezüglich der Ausrichtung der elektrischen Dipole durch Einwirken eines elektrischen Feldes. Da eine Polarität in dem Kristall benötigt wird, kann dies nur in der pyroelektrischen Kristallklasse auftreten. Die Pyroelektrizität ist die Eigenschaft eines Materials, infolge Wärmeeinwirkung eine elektrische Ladung zu generieren.

Die Antiferroelektrizität tritt bei Materialien auf, deren Kristallstruktur zwar polare Subzellen besitzt, jedoch benachbarte Subzellen jeweils gerade entgegengesetzte Polarisationsrichtungen haben. Dadurch ist die globale Struktur unpolarisiert und symmetrisch.

Unter paraelektrischem Verhalten werden Klassen von Kristallphasen zusammengefasst, die weder ferroelektrisch noch antiferroelektrisch sind. Beim Übergang von der antiferroelektrischen zur ferroelektrischen Phase tritt eine spontane Dehnung auf. Diese ist für Aktuatoranwendung aufgrund des grossen Dehnungsbetrages von bis zu 0.9 % sehr interessant. Ferner kann durch eine entsprechende Aktivierung mit Hilfe eines elektrischen Feldes zwischen beiden Zuständen quasi digital geschaltet werden. Die Umschaltzeit beträgt ca. 1–2 µs pro Schaltvorgang. Damit ist ein weitaus geringerer Energieaufwand notwendig als bei der permanenten Speisung konventioneller Piezokeramiken. Im Grunde ergibt sich ein ähnliches Verhalten wie bei Gedächtnislegierungen.

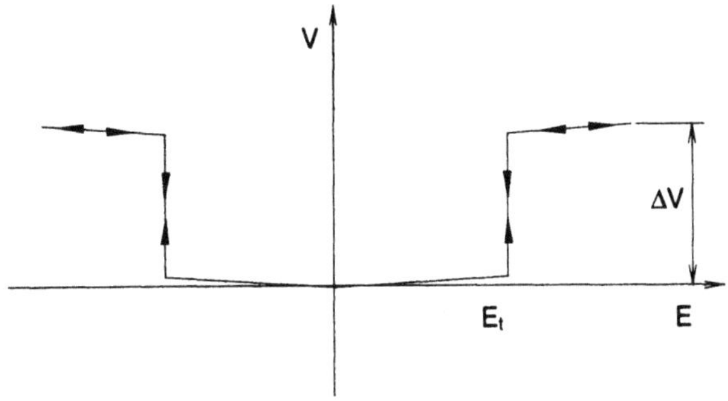

Bild 2.18. Idealisierter antiferroelektrischer-ferroelektrischer Phasenübergang mit Volumenänderung infolge elektrischen Feldes

Die durch das elektrische Feld induzierten Dehnungen erreichen bei einer gewöhnlichen Piezokeramik ca. 0.1 %. Für die Anwendung als Aktuator sind jedoch Materialien mit höherem Dehnungsniveau wünschenswert. Untersuchungen haben gezeigt, dass in der Nähe von Phasenübergängen erheblich höhere Dehnungen in die Keramiken induziert werden können.

F_{tetra}:	ferroelektrisch, tetragonales Gitter
$F_{rhombo(HT)}$:	ferroelektrisch, rhombohedrales Gitter, Hochtemperaturbereich
$F_{rhombo(NT)}$:	ferroelektrisch, rhombohedrales Gitter, Niedertemperaturbereich
A_{tetra}:	Antiferroelektrisch, tetragonal
A_{ortho}:	Antiferroelektrisch, orthorhombisches Gitter

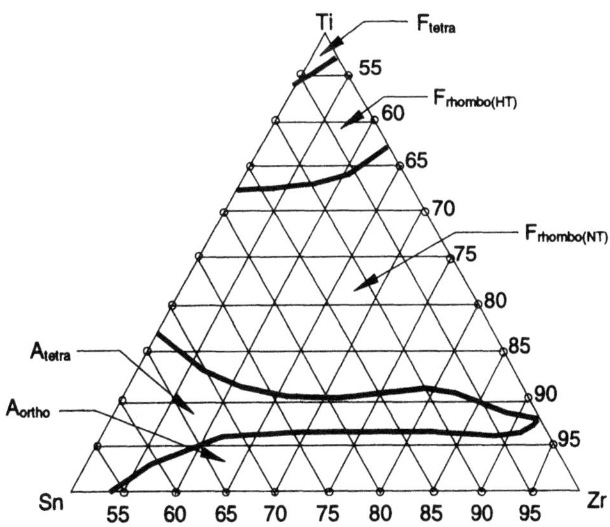

Bild 2.19. Phasendiagramm des $Pb_{0.97}La_{0.02}(Sn,Ti,Zr)O_3$ Systems [2/40]

Das Phasendiagramm zeigt für das System $Pb_{0.97}La_{0.02}(Sn,Ti,Zr)O_3$ die unterschiedlichen Zustandformen als Funktion der Elemente Sn, Ti und Zr (Bild 2.19). Die Kompositionen im Bereich A_{ortho} sind aus energetischen Gründen nicht geeignet, weil zur Erzwingung des Phasenüberganges unrealistisch hohe elektrische Felder notwendig wären. Im antiferroelektrischen, tetragonalen Bereich sind jedoch die Kompositionen energetisch der ferroelektrischen Form so nahe, dass ein Umschalten zwischen den Zuständen relativ unproblematisch möglich ist. Die Funktion des Elementes Zinn (Sn) ist dem Phasendiagramm zu entnehmen. Mit zunehmendem Sn-Anteil vergrössert sich der antiferroelektrische Bereich erheblich.

In Bild 2.20 werden einige charakteristische Kenngrössen im Dehnungs- /Feldstärkediagramm erläutert. Die Feldstärke E_{A-F} ist erforderlich, um den Phasenübergang antiferroelektrisch - ferroelektrisch zu erzwingen, während E_{A-F} gerade notwendig ist, um wieder in die ferroelektrische Phase zurückzukehren. Der Dehnungsbetrag infolge Phasenüberganges ist wesentlich grösser als derjenige infolge des piezoelektrischen Effektes bei weitaus höheren Feldstärken. Die Phasengrenze zwischen der ferroelektrischen tetragonalen und antiferroelektrischen rhombohedralen Phase wird als morphotrope Phasengrenze (MPB)[5] bezeichnet. Einige Zusammensetzungen des Systems $(Pb_{0.97}La_{0.02})(Zr_XTi_YSn_Z)O_3$ in der Nähe der MPB sind in Bild 2.22 zusammengestellt. Die Keramikmischungen in der unmittelbaren Nähe der Phasengrenze (Keramiken Nr. 2, 3, 4, 6, 7, 10: «F-Keramiken») haben eine qualitative, dielektrische Hysteresekurve (elektrische Verschiebung[6] als Funktion der elektrischen Feldstärke) wie Ferroelektrika. Alle anderen Keramiken zeigen doppelte Hysteresekurven (siehe Bild 2.21).

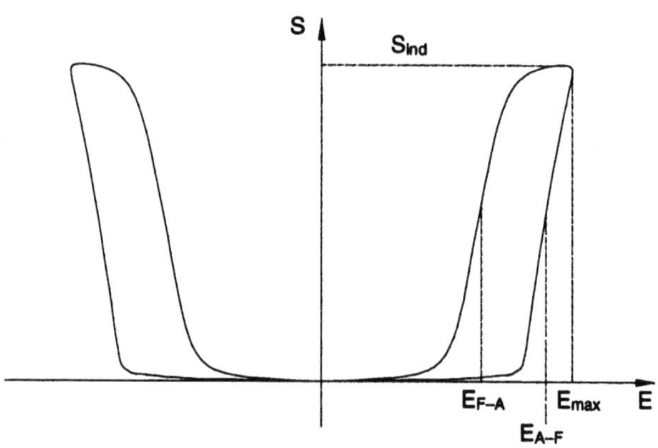

Bild 2.20. Typisches Dehnungs- /Feldstärkediagramm und charakteristische Parameter

[5] Engl.: Morphotropic Phase Boundary
[6] Ladung pro Flächeneinheit

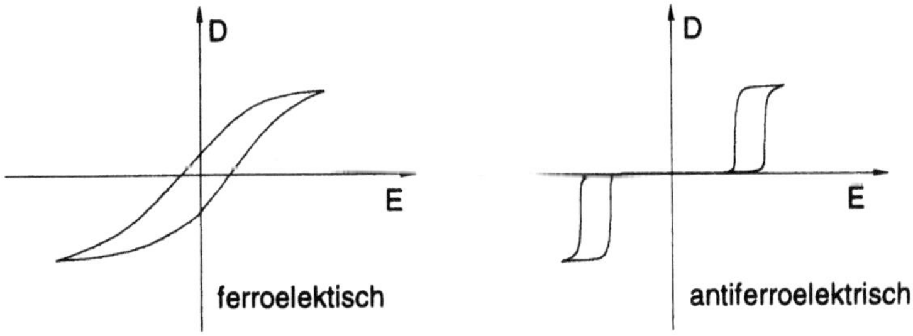

Bild 2.21. Typische dielektrische Hysteresekurven ferroelektrischer und antiferroelektrischer Materialien

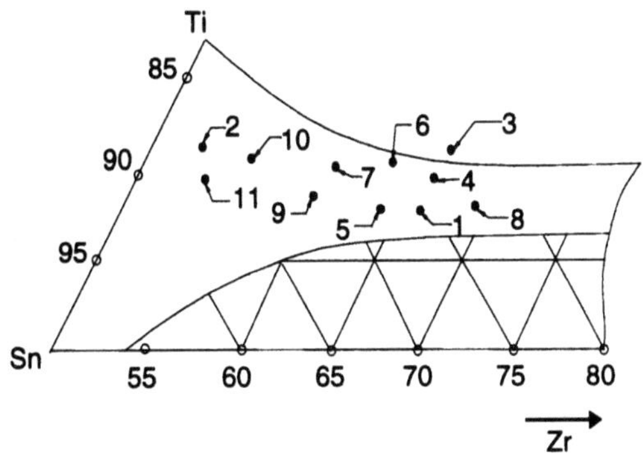

Keramik-Nr.	Anteil X (Zr) [mol-%]	Anteil Y (Ti) [mol-%]	Anteil Z (Sn) [mol-%]
1	66	9	25
2	53	12	35
3	66	11	23
4	66	10.5	23.5
5	64	9	27
6	64	11	25
7	62	11	23
8	68	9	23
9	60	10	30
10	57.5	11.25	31.25
11	55	10	35

Bild 2.22. Chemische Zusammensetzungen und zugeordnete Referenznummern

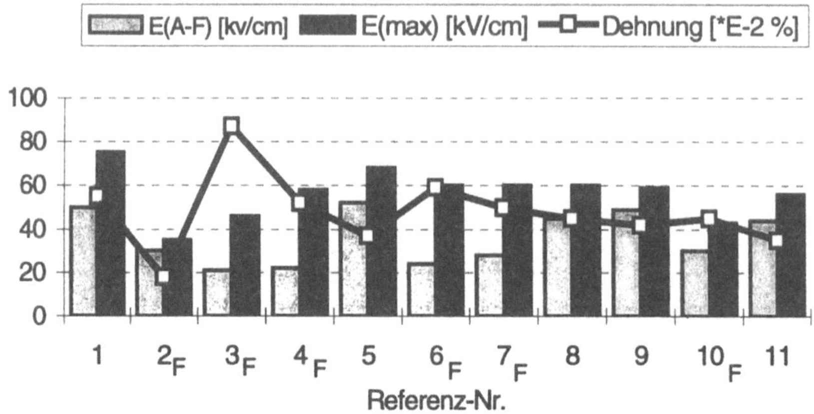

Bild 2.23. Elektrische Feldstärken und Dehnungen für den Phasenübergang unterschiedlicher Keramikkompositionen

Bemerkenswert ist der hohe feldinduzierte longitudinale Dehnungsbetrag von Keramik Nr.:6 von ca. 0.9 % (Bild 2.23). Es fällt weiter auf, dass alle «F-Keramiken» deutlich geringere Feldstärken zum Phasenübergang benötigen (ca. 25 kV/cm, dies entspricht einer Spannung von U=750 V bei einer 0.3 mm dicken Keramik).

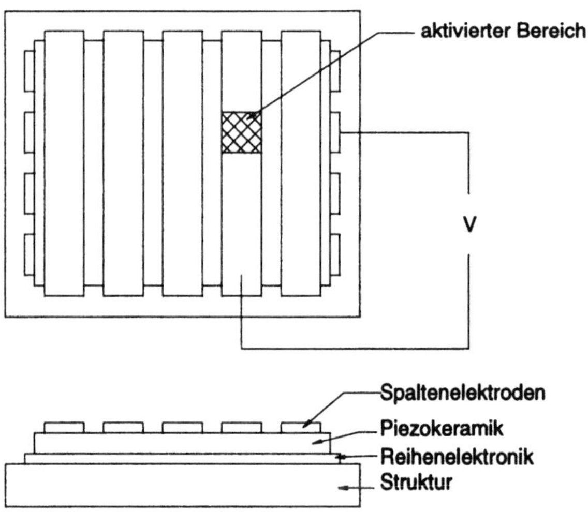

Bild 2.24. Schematische Darstellung einer aktiven, digitalen Verformungskontrolle (Draufsicht und Vorderansicht, nicht massstäblich)

Mit abnehmenden Verhältnis der Elemente Sn/Zr nimmt der Betrag der induzierten Dehnung zu, während die erforderliche Feldstärke E_{A-F} abnimmt. Die Grössenordnung der erreichbaren induzierten Dehnung ist für alle anderen Keramiken (Nr.: 1, 5, 8, 11) ungefähr gleich, allerdings ist die Feldstärke E_{A-F} deutlich höher. Von daher eignen sich die letzteren Keramiken aufgrund der ungünstigeren Energiebilanz weniger für die gepulste, digitale Umschaltung.

Experimentelle Untersuchungen haben ergeben, dass die Umschaltzeiten in der Grössenordnung von ca. 1–2 µs liegen. Messungen der transversalen Dehnung dieser Piezokeramiken haben ferner gezeigt, dass der Dehnungsbetrag ca. nach 2 bis 3 Minuten auf die Hälfte des initialen Wertes (d. h. nach Schalten des Pulses) abfällt. Daraus lässt sich eine im Vergleich zur kontinuierlichen Speisung der Piezokeramiken energiesparende Funktionsbauweise beispielsweise zur statischen Verformungskontrolle ableiten (Bild 2.24).

Die Keramiken sind nur in der Zeitkonstante entsprechenden Intervallen mit Spannungspulsen zu speisen, um die erforderliche Dehnung bzw. Deformation wieder aufzubringen. Dies kann in einem Rasterverfahren durchgeführt werden, indem der aktuelle Aktuatorbereich durch die zugeordnete Reihen- und Spaltenelektrode angesteuert wird. Mit diesem Verfahren könnte der Schaltungsaufwand für Strukturen mit sehr vielen Aktuatoren erheblich vereinfacht werden.

Es muss allerdings berücksichtigt werden, dass die feldinduzierten Dehnungen dieser Keramiken eine starke, nicht lineare Temperaturabhängigkeit aufweisen. Diese Problematik, sowie weitere Effekte wie die Alterung infolge Schaltzyklen sind nach wie vor Gegenstand umfangreicher Untersuchungen an verschiedensten Forschungsinstituten.

2.3 Piezoelektrische Polymere (PVDF)

Seit der Entdeckung des piezoelektrischen Effektes in dem Polymer PVDF (Polyvinylidenfluorid) im Jahre 1969 ist das Interesse an diesem Material ständig gestiegen. Aufgrund der mechanischen Eigenschaften dieses Thermoplasten, seine leichte Anpassbarkeit an beliebige Formen, der niedrigen akustischen Impedanz in der Nähe derjenigen von Wasser und organischen Materialien sowie der Grösse des piezoelektrischen Koeffizienten (≈Quarz) wird PVDF inzwischen kommerziell eingesetzt. Nahezu alle interessanten Eigenschaften von PVDF basieren auf dem piezoelektrischen oder pyroelektrischen Effekt. Im unpolarisierten Zustand ist dieses Polymer durchsichtig, zäh und nachgiebig[7]. Bemerkenswert an diesem Polymer ist seine ausgezeichnete Resistenz gegenüber UV-Strahlung. PVDF quillt bei Einwirkung von Ketonen und Estern (bei höheren Temperaturen). Chemisch angegriffen wird es hauptsächlich durch rauchende Salpeter- und Schwefelsäure. Relativ weite Verbreitung hat dieses Material deshalb im Bereich des Oberflächenschutzes und der Kabelisolation gefunden.

Das Anwendungsspektrum von PVDF als Transducer[8] kann in vier Gebiete unterteilt werden [2.13, 2.15]:

1. Akustik im hörbaren Frequenzbereich,
2. Akustik im Ultraschallbereich,
3. Elektromechanik,
4. Pyroelektrik und Optik.

Hervorzuheben sind Anwendungen als pyroelektrischer Strahlungsdetektor (Infrarotsensor), als Ultraschallwandler bis zu höchsten Frequenzen (24 GHz) und als Hydrophon z. B. für Stosswellen. Wegen der hohen Dielektrizitätskonstanten wird es auch als Dielektrikum in Hochspannungskondensatoren (Durchschlagfeldstärken von maximal 3 MV/cm).

Darüber hinaus sind die physikalischen Grundlagen des Piezo- und Pyroeffektes und auch die der allgemeinen dielektrischen Eigenschaften von Interesse. PVDF gehört zwar in die Gruppe der Isolatoren, hat jedoch diesbezüglich keine gute Eigenschaften. Die vorhandene Restleitfähigkeit ist messbar. Durch die starke Elektronegativität des Fluors resultiert ein Dipolmoment quer zur Kohlenstoffkette. Die Wechselwirkung dieser Dipole mit Ladungen bestimmt die elektrischen Eigenschaften. PVDF gehört im engeren Sinne zu den Elektreten. Elektrete sind Materialien, die Ladungen und/oder dipolare Polarisation über längere Zeit (Stunden bis Jahre) speichern können.

---

[7] Im Sinne von dehnbar

[8] Sensor/Aktuator

Bei Polymeren handelt es sich um Materialien, die verglichen mit Kristallen eine komplizierte Struktur haben. Die Piezoelektrizität ist bei den klassischen piezoelektrischen Stoffen wie beim Quarz oder den Piezokeramiken eine Eigenschaft des Kristallgitters. Bei den Polymeren stellt sich die Frage, wie die Piezoelektrizität erklärt werden kann. Bemerkenswert ist, dass die Koerzitivfeldstärke[9] für die Inversion der remanenten Polarisation in der Grössenordnung der Polungsfeldstärke von MV/cm ist und damit um mehr als zwei Grössenordnungen über denen der bekannten Kristalle und Keramiken liegt.

PVDF ist ein lineares Fluorkohlenwasserstoff-Polymer. Es steht in der chemischen Struktur zwischen Polyethylen PE und Polytetrafluorethylen PTFE (besser bekannt unter dem Handelsnamen Teflon).
PE und PTFE sind unpolar, dagegen weist PVDF ein grosses Dipolmoment quer zur Kohlenstoffkette auf. PVDF wird durch radikalische Polymerisation von Difluoräthen (CH_2=CF_2) synthetisiert. Das Copolymer mit Trifluorethylen (TrFE) entsteht, wenn bei der Synthese die Monomere CH_2CF_2(VDF) und CF_2CHF (TrFE) in einem bestimmten Verhältnis gemischt werden. Die Kette ist dann aus einer zufälligen Sequenz der beiden Monomereinheiten aufgebaut. Bei der Bezeichnung des Copolymers wird das Verhältnis der Monomereinheiten angegeben: z.B. 75/25-Mol% P(VDF-TrFE) für 75% VDF und 25% TrFE. Da im TrFE Monomer nur ein Wasserstoffmolekül vorliegt, ist das Dipolmoment quer zur Kette geringer als beim VDF Monomer. Das mittlere Dipolmoment je Monomereinheit beim P(VDF-TrFE) Copolymer hängt damit vom TrFE Gehalt ab. Mit steigendem TrFE Gehalt wird es kleiner.

Für die Anwendung in Bereich der aktiven Funktionsbauweisen sind die piezo- und pyroelektrischen Eigenschaften von Interesse. Um diese Eigenschaften im PVDF zu erhalten, sind vier Prozesse notwendig:

1. die Herstellung des Polymers,
2. die Extrusion und Streckung,
3. die Polarisierung,
4. die metallische Beschichtung der Oberfläche.

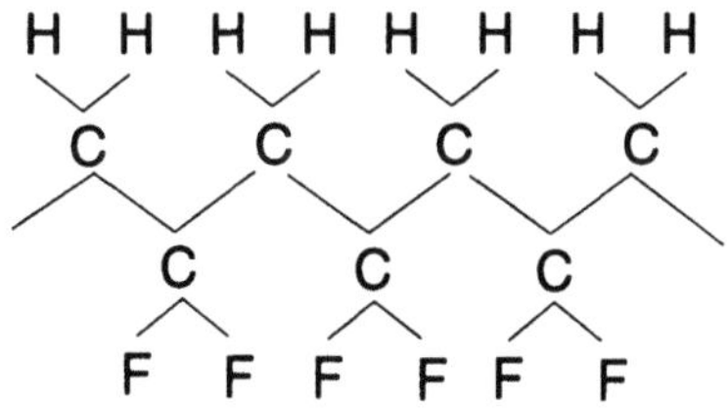

Bild 2.25. Chemischer Aufbau von PVDF

[9] Feldstärke bei Induktion B=0

Bei der Herstellung ist PVDF zunächst das Monomer Vinylidenfluorid CH_2=CF_2. Beim Polymerisieren zum Polyvinylidenfluorid werden die langkettigen Moleküle in einer «Kopf-Fuss-Orientierung» mit der Wiederholungseinheit CH_2–CF_2– angeordnet.

Als semikristallines Polymer besteht PVDF aus Kristalliten, die in einer amorphen Phase eingebettet sind und aus einer Übergangsphase. Die lamellaren Kristallite machen ca. die Hälfte des Materials aus. Sie sind ca. 10 nm dick und bis zu 100 nm lang. Die amorphe Phase hat eine Glasübergangstemperatur $T_g \approx -40°C$. Unter dieser Temperatur wird der Schmelzpunkt der amorphen Phase verstanden. Jedes Molekül hat eine Länge von bis zu 500 nm und läuft durch mehrere kristalline und amorphe Bereiche. Sie kann auch durch mehrfache Faltung mit sich selbst kristallisieren. Das Kristallitwachstum wird durch das Auftreten von Defekten, die sich als Störungen der regelmässigen Sequenz von Wasserstoff und Fluorliganden an der Kohlenstoffkette darstellen, behindert. Die Kristallinität der gesamten Probe, d.h. der Anteil der kristallinen Phasen am Gesamtvolumen beträgt max. 50-60%. Beim P(VDF-TrFE) Copolymer werden wesentlich höhere Kristallinitäten beobachtet. Hier können 80-90% erreicht werden. Dies wird auf einen reduzierten Einfluss der erwähnten Defekte zurückgeführt. Durch Tempern von PVDF bei 120-150°C lässt sich der β-Phasengehalt stark erhöhen. Mit steigender Temperatur beim Tempern steigt auch die Kristallinität an. Dies zeigt sich schon äusserlich dadurch, dass das Material zunehmend brüchig und undurchsichtig (milchig-trüb) wird.

Die Polymerketten des PVDF können in verschiedenen Konformationen, d. h. räumlichen Anordnungen der Atome eines Moleküle, vorliegen. Zu jeder Konformation kann es zwei verschiedene Kristallphasen geben, eine unpolare und eine polare Phase. Dabei sind benachbarte, parallel verlaufende Ketten entweder gleich oder um jeweils 180° zur Kettenrichtung verdreht. Dadurch gibt es zu jeder Kettenkonformation jeweils eine polare und eine unpolare Kristallphase. Die kristallinen Formen des PVDF werden als I, II, III und II_P beziehungsweise α, β, γ und α_P-Phasen bezeichnet. Die Form von PVDF kann durch entsprechende Behandlung verändert werden. Sie können entweder aus der Schmelze oder Lösung gewonnen werden. Die jeweiligen Formen können polare oder antipolare Kristalle enthalten.

Die dielektrischen Eigenschaften von PVDF werden in erster Linie durch die monomeren Anteile und den sehr geringen Defekten in den langen Molekülen hervorgerufen. Daraus resultiert ebenfalls die verglichen mit anderen Polymeren hohe relative Dielektrizitätskonstante $\varepsilon_r \approx 12$ (Epoxyde und Thermoplaste: $\varepsilon_R \approx 3$). Verglichen mit PZT ($\varepsilon_R \approx 1200$) ist sie allerdings um den Faktor 100 kleiner. Die kleine dielektrische Konstante (siehe Tabelle) kann ggf. nachteilig beim Einsatz als Sensor sein. Dafür ist allerdings die dielektrische Festigkeit höher als bei PZT. Ein PVDF-Film mit einer Dicke von 28 μm erträgt Feldstärken von bis zu 70 V/μm, dagegen PZT nur 1 V/μm. Da es sich um ein Polymer mit viskoelastischen Materialverhalten handelt, haben die Temperatur und die Frequenz Einfluss auf die mechanischen und elektrischen Eigenschaften. Der Verstreckungsgrad und die kristalline Form haben ebenfalls einen Einfluss. Der Effekt der Glasübergangstemperatur ist ausgeprägt.

Der dielektrische Verlustfaktor hat seinem Maximalwert bei dieser Temperatur, die dielektrische Konstante und der Elastizitätsmodul steigen stark an. Da sich PVDF-Film wie ein Kondensator verhält, ist zunächst der dynamische Einsatz naheliegend. Mit Ladungsverstärkern, die die abgegebenen Ladung speichern können, sind jedoch auch quasistatische Anwendungen möglich.

Uniaxiale und bi-direktionale Streckung führt zu einer Verbesserung der mechanischen und elektrischen Eigenschaften. Ausserdem kann auf diese Weise die kristalline Form verändert werden. Wird die α-Phase beispielsweise um 400% gestreckt, geht das Material in die β-Phase über. Wird die Streckung bis zur superplastischen Verformung weitergeführt, werden die Eigenschaften von PVDF verbessert. Der Elastizitätsmodul und die piezoelektrische Dehnungskonstante können verdoppelt werden, falls ein Streckungsverhälnis von 7:1 bei Temperaturen von ca. 140°C vor der Polarisierung erreicht werden. Das Streckungsverhältnis hat ferner einen grossen Einfluss auf die Querkontraktionszahl ν_{31}. Für ungestreckten Film ist sie 0.37 und steigt bei einem Streckungsverhälnis von 5:1 auf ca. 0.7. Gleichzeitig fällt ν_{21} von 0.35 auf 0.25. Die 1-Richtung ist die Streckrichtung. Die Dielektrizitätskonstante von gestrecktem Film ist ca. 50% grösser als die von ungestrecktem. Grund dafür ist die Orientierung der lamellaren Kristallite.

Die Oberfläche des PVDF-Films wird während des Herstellungsprozesses mit einer metallischen Beschichtung versehen. Damit erhält der Film die Elektroden, über die entweder die generierte Ladung abgenommen oder eine Ladung aufgebracht werden kann. Diese Beschichtung kann die Eigenschaften des Film beeinflussen, da sie eine Dehnungsbehinderung bewirkt und die Spannungsfreiheit zunichte macht. Als Beschichtungsmethoden kommen die Vakuumbeschichtung oder das Aufsprühen von Leitlack zum Einsatz. Bei der Vakuumbeschichtung werden häufig Ni/CU- oder Ni/Al- Kombinationen verwendet mit Schichtdicken von 250 bis 1000 Å. Für die aufgesprühten Elektroden wird Silberleitlack benutzt, die Schichtdicken liegen bei ca. 5 bis 7 μm.

Die meisten kommerziell erhältlichen PVDF-Filme bestehen aus antipolaren Form II Kristalliten. Zwei mögliche Herstellungsverfahren sind in Bild 2.26 schematisch dargestellt.

Der Film wird zuerst um 300 bis 500% (bezüglich seiner ursprünglichen Länge) bei einer Temperatur von 60° bis 65°C gestreckt. Das Material rekristallisiert in der Form I wegen der Anordnung der Einheitszellen in parallelen Ebenen während des Streckprozesses. Die darauf folgende Wärmebehandlung im gestreckten Zustand gleicht mögliche Fehlstellen infolge des Streckprozesses aus und stabilisiert den Film.

Die Polarisierung kann dann auf verschiedene Methoden durchgeführt werden. Bei der thermischen Polarisierung werden die Elektroden zuerst auf die Oberflächen des Film aufgetragen. Danach wird eine Feldstärke von bis zu 80 MV/m bei einer Temperatur von 110°C für eine Stunde angelegt. Damit werden die Dipole der kristallinen Bereiche in Richtung des Feldes ausgerichtet. Meist wird die 3-

Richtung als Polarisationsrichtung gewählt. Das elektrische Feld bleibt während der Abkühlphase bis auf Raumtemperatur zur Stabilisierung der permanenten Polarisation angelegt. Wenn genügend lange polarisiert wird, ist die Polarisation nur eine Funktion der Feldstärke, die Temperatur bestimmt die Polarisierungsrate. Bei Feldstärken von 200 MV/m ist die Polarisation proportional zur Feldstärke. Die maximal erreichbare Polarisation liegt bei ca. 20 mC/m^2. Piezokeramiken (PZT) haben eine maximale Polarisation von ca. 400 mC/m^2.

Für die Polarisationsmethode bei Raumtemperatur ist der Film entweder nicht metallisiert oder hat nur eine Elektrode. Von einer nadelförmigen Elektrode wird im Abstand von einigen Zentimetern eine Ladung auf den Film abgegeben. Daraus resultiert ein starkes Feld im PVDF-Material, das die dipolaren Ketten selbst bei Raumtemperatur ausrichten kann. Bei Feldstärken kleiner als 100 MV/m wird nur eine geringe Polarisation erzielt.

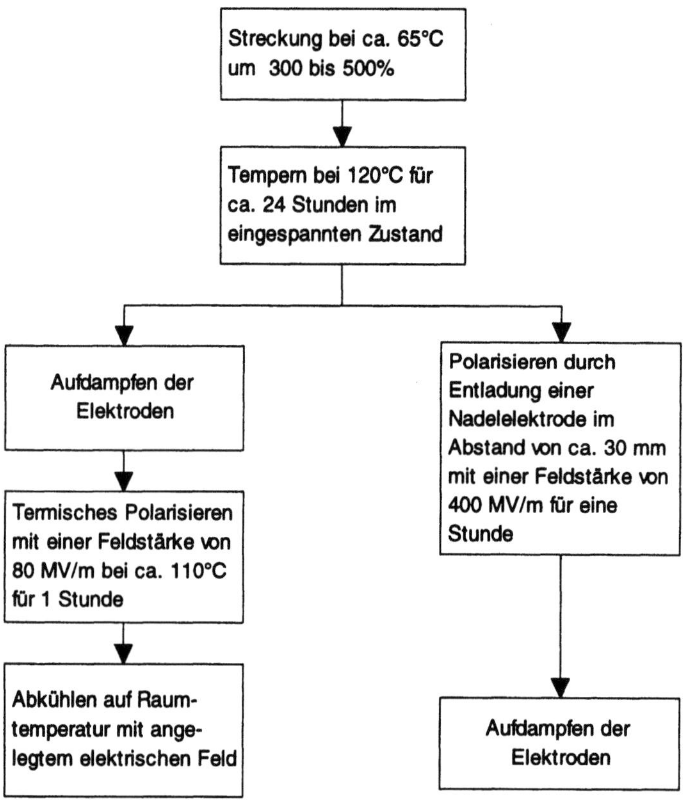

Bild 2.26. Herstellungsverfahren von piezoelektrischen PVDF-Film (Form II)

Bei höheren Feldstärken steigt die Polarisation stark an und findet einen Sättigung bei ca. 120 mC/m^2. Der Maximalwert wird in der Nähe der Nadelelektrode erreicht.

Beide Polarisierungsprozesse rufen die Orientierung der Dipole hervor, die vorher in den kristallinen Bereichen ungerichtet waren. Die Fluoratome werden von der positiven Elektrode angezogen, die Wasserstoffatome von der negativen. Da die Molekülketten durch mehrere Bereiche laufen, kann keine vollständige Polarisation erfolgen. Es treten jedoch Drehungen von Ketten auf. PVDF besteht als teilkristalliner Thermoplast aus einer kristallinen und amorphen Phase. Die dielektrischen und elastischen Eigenschaften der Phasen sind unterschiedlich, woraus sich zusätzlich zum Beitrag der Dipole bei der Anwesenheit einer Polarisation der piezoelektrische Effekt ergibt.

Da ein vollkommen symmetrisches Kristall keine piezoelektrischen Eigenschaften hat, muss PVDF anisotrop sein. Die starke Streckung des Materials während der Fertigung hat ebenfalls eine unterstützende Wirkung auf das anisotrope Verhalten.

In Tabelle 2.3 sind die typischen Eigenschaften piezoelektrischer Polymerfilme zusammengefasst. Verglichen mit Piezokeramiken fällt zunächst der ca. 10fach geringere Wert für d_{31} und der ebenfalls deutlich geringere Elastizitätsmodul auf. Der Kopplungsfaktor k_{31} erreicht in etwa die Hälfte des Wertes von Piezokeramiken. Damit erscheinen PVDF-Filme bezogen auf die Absolutwerte klar den Piezokeramiken unterlegen zu sein. Werden diese Werte jedoch auf die Dichte bezogen, schneiden die PVDF-Filme aufgrund ihre ca. 4fach geringeren Dichte deutlich besser ab. Nachteilig ist jedoch grundsätzlich der doch relativ stark begrenzte Einsatzbereich aufgrund der zulässigen Temperaturen. Die Maximaltemperaturen von ca. 100°C erzwingen bei der in-situ Herstellung Laminate mit niedrigen Aushärtetemperaturen (NT-Systeme[10]).

Die primäre piezoelektrische Aktivität tritt auf, wenn die mechanische und die elektrische Beanspruchung in derselben Richtung erfolgen (Longitudinaleffekt). Der transversale Effekt wird im wesentlichen durch die Querkontraktion bestimmt. Messungen belegen, dass der Kopplungsfaktor k_{33} immer grösser als k_{31} und ausserdem kaum temperaturabhängig ist. k_{31} nimmt ähnlich wie die Querkontraktionszahl ν_{31} mit steigender Temperatur zu.

Temperaturen oberhalb der Raumtemperatur haben einen wichtigen Einfluss auf die piezoelektrischen Langzeiteigenschaften. Bei Einsatztemperaturen von 80°C nimmt d_{33} um ca. 20% ab. Relaxationsmechanismen stabilisieren die elektromechanischen Konstanten bis zu einem Gleichgewichtszustand, falls die Temperatur nicht weiter erhöht wird. Durch einen weiteren Temperprozess kann der Temperaturbereich für stabile Betriebsbedingungen vergrössert werden.

[10] Niedertemperatur-Systeme

Tabelle 2.3. Typische Eigenschaften von PVDF-Filmen

Dicke [µm]	10 - 500
Piezoelektrische Ladungskonstante [V/m]	
d_{31}	$23 \cdot 10^{-12}$
d_{32}	$3 \cdot 10^{-12}$
d_{33}	$-33 \cdot 10^{-12}$
Piezoelektrische Spannungskonstante [N/m^2]	
g_{31}	$216 \cdot 10^{-3}$
g_{32}	$19 \cdot 10^{-3}$
g_{33}	$-340 \cdot 10^{-3}$
Elektromechanischer Kopplungsfaktor [%]	
k_{31}	12
k_{33}	19
Elastizitätsmodul [N/m^2]	$2 \cdot 10^9$
Pyroelektrische Konstante [C/ m^2 °K]	$-25\ 10^{-6}$
Dichte [kg/ m^3]	$1.78\ 10^3$
Festigkeit [N/ m^2]	
Druck	$60\ 10^6$
Bruch (längs)	$300\ 10^6$
Bruch (quer)	$55\ 10^6$
Einsatztemperatur [° C]	-40 bis 100
Wasseraufnahme [%]	0.02
Max. Feldstärke [V/µm]	30
Bandbreite	Gleichstrom bis GHz

2.3.1 PVDF-Filme als modale Dehnungssensoren

Die zum Teil sehr günstigen Eigenschaften von PVDF haben zu einer grossen Anwendungsvielfalt im Bereich der Sensortechnik geführt [2.14]. Verglichen mit anderen Sensormaterialien bieten PVDF-Filme jedoch auch die Besonderheit, modale Sensoren für dynamische Anwendungen zu realisieren. Modale Sensoren sind in der Lage, sowohl die Eigenform als auch die dazugehörige Eigenfrequenz zu erkennen. Der Sensor reagiert aufgrund der Geometrie seiner Elektroden nur auf eine bestimmte Eigenform (Schwingungsform) der Struktur. Am Beispiel einer Balkenstruktur soll dieses Prinzip erläutert werden.

Das Ausgangssignal eines PVDF-Sensors ist eine Funktion der effektiven Elektrodenbreite $\Gamma(x)$. In dieser Grösse ist sowohl die physikalische (geometrische) Breite der Elektrode als auch die Polarisierungsrichtung enthalten. Die Funktion $F(x,y)$ beschreibt die Geometrie der Elektrode in der xy-Ebene derart, dass $F(x,y)$ den Wert 1 hat, wenn der Punkt $p(x,y)$ von der Elektrode bedeckt ist. Im anderen Fall ist $F(x,y)=0$. $P(x,y)$ ist das Polarisationsprofil des Polymers und kann für polarisierten PVDF-Film entweder nur +1 oder –1 je nach Polarisationsrichtung sein. Die effektive Elektrodenbreite $\Gamma(x)$ berechnet sich damit durch Integration des Produktes aus F(x,y) und P(x,y) über die Balkenbreite b

$$\Gamma(x) = \int_{-b/2}^{b/2} F(x,y)P(x,y)dy \tag{2.21}$$

Für ungeteilte Elektroden mit konstantem Polarisationsprofil reduziert sich die obige Gleichung auf

$$\Gamma(x) = \pm b_f(x) \tag{2.22}$$

wobei b_f die Breite der Elektrode bezeichnet.

Die mechanische Dehnung in Balkenlängsrichtung berechnet sich aus der Krümmung und dem Hebelarm zwischen der neutralen Achse und der Lage des Films

$$\varepsilon(x,t) = -\frac{\partial^2 w(x,t)}{\partial x^2} z \tag{2.23}$$

Damit kann die infolge der mechanischen Dehnung generierte Ladung mit Hilfe der Sensorgleichung berechnet werden:

$$Q(t) = -e_{31} z \int_0^l \Gamma(x) \frac{\partial^2 w(x,t)}{\partial x^2} dx \tag{2.24}$$

Das Verhältnis der Ladung pro Elektrodenfläche und der mechanischen Dehnung ist die Konstante der piezoelektrischen Feldintensität. Sie berechnet sich aus den bekannten Kenngrössen.

$$e_{31} = (d_{31} + v_f d_{32}) \frac{E_f}{1 - v_f^2} \tag{2.25}$$

Für die Balkenstruktur kann die Lösung des Eigenwertproblems in Abhängigkeit von den Randbedingungen analytisch angegeben werden. Damit ergibt sich für die Sensorgleichung nach Substitution der Dehnungen durch den Eigenwert λ_i und die generalisierte Koordinate $q_i(t)$ und einer Skalierungskonstante α_i

$$Q(t) = -e_{31} z \alpha_i \frac{\lambda_i^4}{L^3} q_i(t) \tag{2.26}$$

Mit der Annahme, dass die Elektroden des Sensors gemäss der Dehnungsverteilung der Eigenform ϕ_i geformt ist, folgt für die effektive Sensorbreite:

$$\Gamma(x) = \alpha_i \frac{d^2 \varphi_i(x)}{dx^2} \tag{2.27}$$

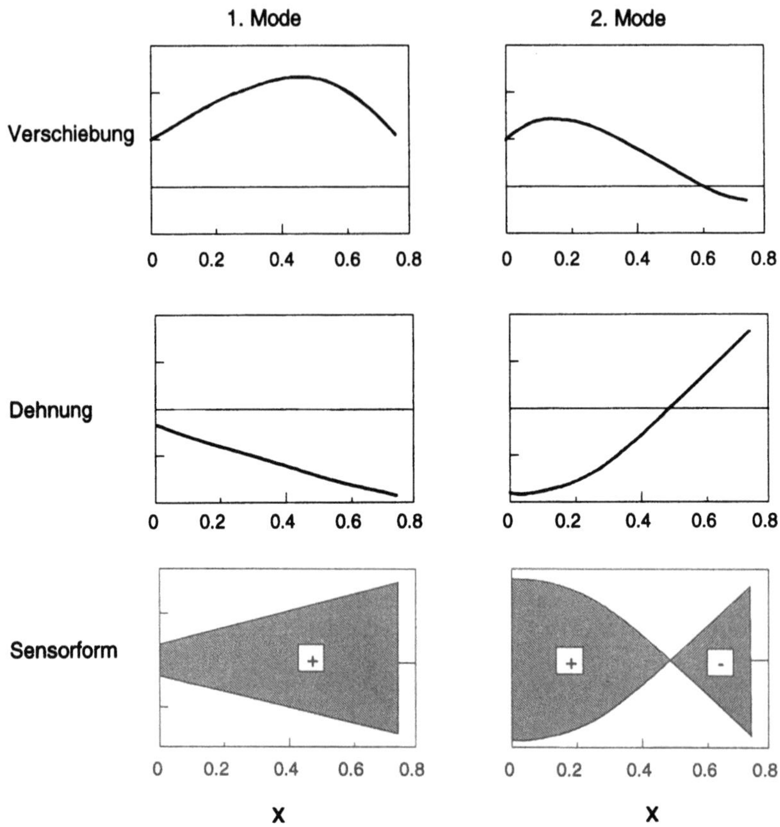

Bild 2.27. Verschiebungen, Dehnungen und Sensorformen der ersten 2 Eigenfrequenzen eines Balkens

Wenn zwei diskrete Eigenwerte ϕ_i und ϕ_j betrachtet werden, ergibt sich für die Sensorgleichung

$$Q(t) = -e_{31} z\alpha_i \sum_{k=1}^{\infty} q_k(t) \int_0^l \frac{d^2\varphi_i}{dx^2} \frac{d^2\varphi_j}{dx^2} dx \tag{2.28}$$

Die Umsetzung der obigen Gleichungen wird anhand von Bild 2.27 veranschaulicht.

2.3.2 Piezoelektrische Filme zur Erkennung und Überwachung von Schäden in Faserverbundwerkstoffen

Die rechtzeitige Erkennung und Überwachung von Schäden in faserverstärkten Kunststoffen ist für die Betriebssicherheit von Strukturen aus diesen Werkstoffen ein ebenso komplexes wie wichtiges Thema. Kohlefaserverstärkte Epoxyde sind aufgrund der Sprödigkeit von Faser und Matrix für Empfindlichkeit auf Stosslasten bekannt. Die Schädigung durch Mikrorisse bzw. Delaminationen kann in der Regel nur durch aufwendige Inspektionsmassnahmen wie Ultraschall oder Röntgenanalyse erkannt werden.

Anders als bei Metallen, die nach Eintritt der Stosslast eine bleibende Verformung in Form einer Beule aufweisen, ist eine visuelle Inspektion nicht möglich. Ultraschall- und Röntgenuntersuchungen bedingen ausserdem häufig die Demontage des Bauteils und bieten nicht die Möglichkeit der kontinuierlichen Beobachtung. Wünschenswert ist demnach eine Methode, die während des Einsatzes der Struktur kontinuierlich unter den realen Einsatzbedingungen den Schädigungszustand erfassen kann. Die Interaktion der Lasten, der Geometrie und der Schädigung an der Struktur setzt die Randbedingungen der Überwachungsaufgabe. Der Messbetrieb während des Einsatzes impliziert die zusätzlichen Bedingungen, dass die dazu notwendige Hardware keine nennenswerte zusätzliche Masse in die eigentliche Struktur einbringt und auch nicht die Struktureigenschaften wie zum Beispiel die Steifigkeit negativ beeinflusst.

Alle genannten Anforderungen legen den Einsatz von PVDF-Filmen als integrierte Sensoren nahe. Sie weisen folgende für die Anwendung vorteilhaften Eigenschaften auf:

- einfache Verarbeitung durch Zuschneiden
- unkomplizierte Applizierung an gekrümmten Bauteilen
- einfache Realisierung des elektrischen Interfaces zur Auswertungshardware
- geringe Anforderungen bzgl. Betriebsaufwand (keine Speisespannung wie bei DMS)
- gute Sensoreffizienz (hoher Wert für $g_{33}=200\cdot 10^{-14}$ C/N, ca. fünf mal höher als Piezokeramik)
- relativ niedrige Eigensteifigkeit
- niedrige Dichte

Werden die Filme auf die Faserstruktur aufgeklebt, ist die Ausgangsgrösse dieses Sensors proportional zu den Verformungen an der Oberfläche. Wird der ebene Spannungszustand angenommen, kann die resultierende elektrische Spannung des Sensors ausgedrückt werden als

$$V = K_1 \sigma_1^f + K_2 \sigma_2^f \tag{2.29}$$

wobei K_1 und K_2 die piezoelektrischen Konstanten und σ_1^f und σ_2^f die mechanischen Spannungen im Piezofilm bezeichnen. Die Indizes 1 und 2 bezeichnen die Hauptrichtungen der Sensorfilmempfindlichkeit (1: Maximum, 2: Minimum orthogonal zu 1-Richtung). Die piezoelektrischen Konstanten unterscheiden sich um einen Faktor von ca. 8. Der Zusammenhang zwischen der mechanischen Spannung und der Ausgangsspannung ist nicht linear. Die piezoelektrische Spannungskonstante ist von der mechanischen Spannung, der Frequenz und der Temperatur abhängig. Deshalb ist eine entsprechende Kalibrierung unter Messbedingungen jeweils notwendig.

Flächige Sensoren integrieren die Deformation im Bereich der bedeckten Fläche. Änderungen der Deformationen als Folge von Schäden können daher durch entsprechende Änderungen der elektrischen Spannungssignale beobachtet werden. Durch eine Anordnung mehrerer Sensoren kann ferner die Änderung des Kraftflusses infolge Schädigung erfasst werden.

Bild 2.28 zeigt das Beispiel einer einschnittigen Bolzenverbindung. Eine CFK-Lasche wird mit zwei Bolzen mit einer Stahllasche kraft- und formschlüssig verbunden. Auf der Vorder- und Rückseite der CFK-Lasche wurden in der unmittelbaren Nähe der Bohrungen PVDF-Sensoren appliziert. Die zwischen den Bohrungen der CFK-Lasche angebrachten Sensoren erfassen den Kraftanteil, der infolge Formschluss zwischen den Laschen übertragen wird.

Bild 2.29 zeigt den Verlauf der relativen Sensorausgangsspannungen (peak to peak) als Funktion der Lastprogramme, die sinusförmige Wechsellasten ($F=\pm 10\,kN$) darstellen. Zunächst fällt die Zunahme der Signale von Sensor B2 und F2 auf, was auf die Änderung des Kraftflusses zurückzuführen ist. Auf der Interfacefläche zwischen Metall- und CFK-Teil ist dieser Anteil infolge Kraftschlusses erwartungsgemäss grösser. Die Signale von Sensor F1 und B1 nehmen dagegen mit zunehmender Lastzahl und damit auch Schädigung ab, weil die Bolzen weniger Lasten übertragen.

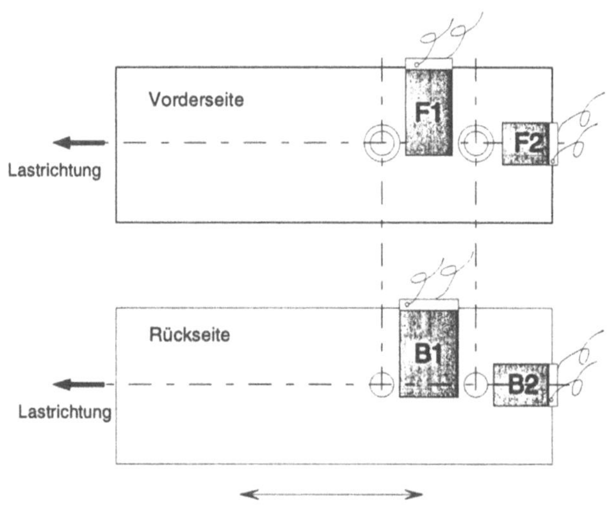

Bild 2.28. Geometrie der einschnittigen, einreihigen Nietverbindung, Position der Sensoren (nur eine Lasche dargestellt) [2.14]

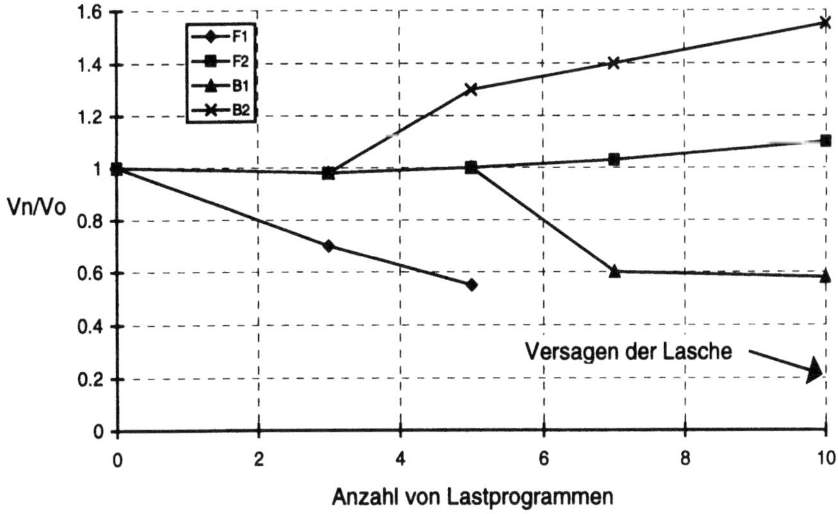

Bild 2.29. Änderung der Sensorausgangsspannungen als Funktion der Lastzahl [2.14]

In ähnlicher Weise lässt sich der Schadensfortschritt an Laminaten nach Impactbelastung verfolgen. Weitere Untersuchungen werden die Möglichkeiten dieser «on-line» Erfassungs- und Überwachungsmethode abklären.

2.4 Elektrostriktive Materialien

Die Elektrostriktion ist wie die Piezoelektrizität ebenfalls ein Festkörpereffekt. Die Ausdehnung des Materials wird auch hier durch das Anlegen eines elektrischen Feldes hervorgerufen. Die induzierte Dehnung wird jedoch durch die Interaktion von elektrischen Feldern und Dipolen (im Gegensatz zu Monopolen in piezoelektrischen Materialien) erzeugt [2.9, 2.11].

Der Effekt tritt bei Kristallen auf, die ein Symmetriezentrum besitzen, zum Beispiel bei Blei-Magnesium-Niobat (PMN) oder Blei-Lanthan-Zirkon-Titanat (PLZT). Im Gegensatz zu Piezokeramiken wird dieser Effekt erst oberhalb der Curietemperatur wirksam, die für diese Materialien zwischen 10°C bis ca. 80°C liegen kann.

Der quadratische Zusammenhang zwischen dem wirkenden elektrischen Feld und der resultierenden Auslenkung führt zu einer Kennlinie S(E) mit symmetrischem Verlauf. Die Zustandsgleichung kann analog zur Piezoelektrizität geschrieben werden:

$$S = s^E T + d^T E + mE^2 \tag{2.30}$$

Dabei bezeichnet **m** den Tensor der Elektrostriktion. Der inverse piezoelektrische Effekt kann somit als Spezialfall der Elektrostriktion aufgefasst werden, den alle Dielektrika aufweisen. Der elektrostriktive Effekt ist unabhängig von der Polarität der Steuerspannung. Bei den synthetischen Keramiken ist aufgrund der Bedingungen während der Herstellung immer nur einer der beiden Effekte dominierend.

Die für die Piezoelektrizität charakteristische Hysterese ist bei elektrostriktiven Materialien erheblich geringer (siehe Bild 2.30). Die Hysteresebreite beträgt ca. 1 bis 3% verglichen mit 10 bis 15 % bei PZT. Ausserdem ist das Driftverhalten, d.h. die zeitliche Stabilität besser. Die höhere Energiedichte der elektrostriktiven Materialien bietet für spezifische Anwendungsfälle eine Alternative zu piezokeramischen Materialien. Allerdings muss beachtet werden, dass die Kennwerte elektrostriktiver Materialien eine höhere Temperaturabhängigkeit aufweisen als die der piezoelektrischen.

Im Gegensatz zu Piezokeramiken und piezoelektrischen Polymerfilmen sind elektrostriktive Materialien selbstpolarisierend, d. h. sie müssen nicht durch einen zusätzlichen Prozess polarisiert werden. Das Anlegen eines elektrischen Feldes ruft eine Orientierung von beliebig ausgerichteten Dipolen hervor, woraus wiederum die Deformation im Material resultiert. Das Material dehnt mit zunehmender Feldstärke weiter, die maximale Dehnung wird erreicht, wenn alle Dipole ausgerichtet sind (Sättigungszustand).

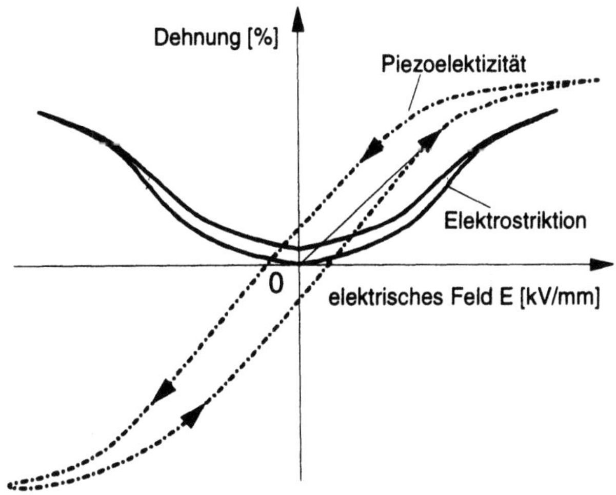

Bild 2.30. Kennlinien für Piezoelektrizität und Elektrostriktion

Die von dem angelegten Feld erzeugten Dehnungen verlaufen aufgrund der Eigenpolarisation in Richtung des Feldes. Wegen der Querkontraktion dehnt sich das Material auch in der transversalen Richtung. Die Dehnungen werden durch einen quadratischen Zusammenhang modelliert, wobei m_{ij} die elektromechanische Kopplung beschreibt. Der erste Index bezeichnet die Richtung des angelegten Feldes, der zweite die Richtung der Dehnung. Diese vereinfachende Modellierung trifft allerdings nicht das reale nichtlineare Verhalten des Materials. Der ausgeprägte nichtlineare Effekt bei den Kopplungskoeffizienten ist auf die Dehnungsabhängigkeit der dielektrischen Eigenschaften zurückzuführen.

Das Problem der Nichtlinearität kann dadurch umgangen werden, dass die Feldstärken im Bereich des linearen Verhaltens gehalten werden. d.h. die mögliche Aktuationsdehnung von 0.2 % wird auf ca. 0.05 % reduziert. Elektrostriktive Materialien haben einen relativ hohen Elastizitätsmodul und können ungefähr gleich grosse Dehnungen wie Piezokeramiken erzeugen. Da diese Werkstoffe nicht polarisiert sind, existiert auch kein koerzives Feld. Die Sättigungsfeldstärke liegt bei ca. 2 V/µm. Bei Umgebungstemperaturen und tiefen Frequenzen zeigen sie wenig Kriechneigung und Hysterese. Trotzdem ist fast jede Materialkonstante elektrostriktiver Werkstoffe temperaturabhängig (Bild 2.31). Es zeigt sich, dass die Hysteresebreite mit abnehmender Temperatur und insbesondere in der Nähe der Curietemperatur deutlich ansteigt.

Bezüglich ihrer Einsetzbarkeit haben sie den Vorteil der Nullpunkttreue, d.h. ohne elektrisches Feld ist die Dehnung Null (Bild 2.30). Damit eignen sie sich besonders für genaue Positionierungs- bzw. Ausrichtaufgaben bei niedrigen Frequenzen. Die hohe Dielektrizitätskonstante (und die damit hohe Kapazität) schliesst allerdings den Einsatz bei höheren Frequenzen aus.

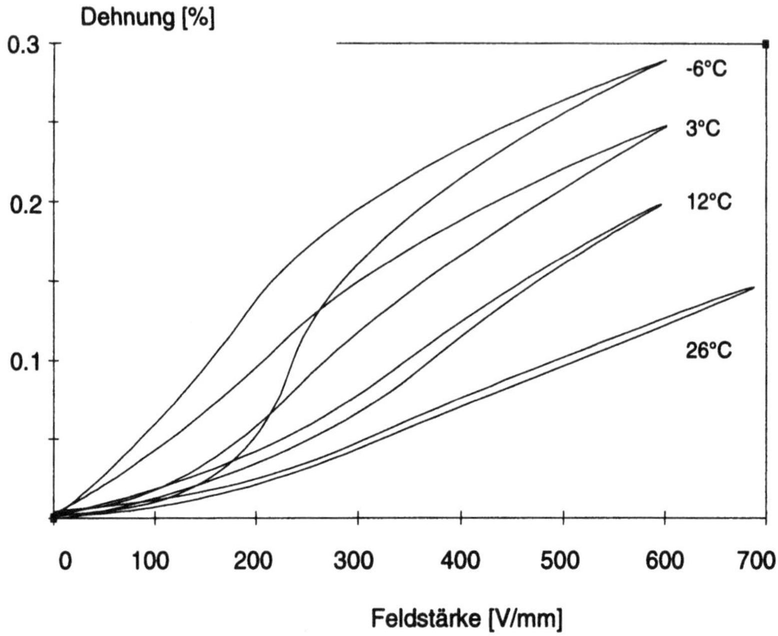

Bild 2.31. Temperaturabhängigkeit der Kennlinien elektrostriktiver Materialien in der Nähe der Curietemperatur

Den Einsatz auf breiter Ebene hat jedoch bisher die Tatsache erschwert, dass elektrostriktive Materialien nicht im gleichem Masse wie Piezokeramiken kommerziell erhältlich sind.

In Tabelle 2.4 sind die charakteristischen Materialkennwerte einer typischen Piezokeramik und eines elektrostriktiven Materials zusammengestellt.

Der elektrostriktive Koeffizient Q_{ijkl} als Mass für den direkten elektrostriktiven Effekt kann durch einen quadratischen Zusammenhang von mechanischer Dehnung und dielektrischer Polarisation beschrieben werden:

$$Q_{ijkl} = \frac{1}{2}\frac{\partial^2 S_{ij}}{(\partial P_k \partial P_l)} \tag{2.31}$$

Dabei bezeichnet S_{ij} den Dehnungstensor und P_k bzw. P_l die Komponenten der Polarisation des Dielektrikums. In vereinfachter Form können die Gleichungen der Elektrostriktion geschrieben werden als

$$D_m = \varepsilon^s_{mn} E_n + 2\, m_{mnij}\, E_n T_{ij} \tag{2.32}$$

Tabelle 2.4. Kennwerte piezoelektrischer und elektrostriktiver Materialien

Eigenschaft	$Pb(Zr,Ti)O_3$ PZT piezoelektrisch	$Pb(Mg,Nb)O_3$ PMN elektrostriktiv
Elastizitätsmodul [GPa]	48	120
Dichte [kg/m^3]	7.5	7.3
Sättigungsdehnung [%]	1.0	1.3
Curietemperatur [°C]	200	0
Betriebsspannung [V]	0 - 1000	0 - 300
Wärmeausdehnungskoeff. [1/°C]	2-5 10^{-6}	1 10^{-6}
Hysterese [%]	≈10	< 1
Dielektrizitätskonstante	2000	32000
Typische Verschiebung als gestapelter Aktuator[11] bei 100 V [μm]	10	15

$$S_{ij} = m_{ijmn}E_mE_n + s^E_{ijkl}T_{kl} \tag{2.33}$$

Aufgrund der Kristallsymmetrie von PMN ergibt sich für die translatorischen Dehnungskomponenten bei konstanter Spannung und Temperatur in abgekürzter Schreibweise

$$\begin{Bmatrix} S_1 \\ S_2 \\ S_3 \end{Bmatrix} = \begin{bmatrix} m_{11} & m_{12} & m_{12} \\ m_{12} & m_{11} & m_{12} \\ m_{12} & m_{12} & m_{11} \end{bmatrix} \begin{Bmatrix} E_1^2 \\ E_2^2 \\ E_3^2 \end{Bmatrix} \tag{2.34}$$

bzw.

$$S_{ij} = m_{ij}\,E_j^2 \qquad (i,j = 1,2,3) \tag{2.35}$$

Die induzierten äquivalenten piezoelektrischen Koeffizienten d^*_{ij} in longitudinaler und transversaler Richtung infolge eines Feldes E_1 sind:

$$d^*_{11} = 2\,m_{11}\,E_1 \tag{2.36}$$

$$d^*_{21} = 2\,m_{21}\,E_1 \tag{2.37}$$

Die Kennlinie der transversalen Dehnung von PMN ist in Bild 2.32 dargestellt[12].

[11] Aktuatordimensionen: Länge: 20 mm, Durchmesser: 6 mm

[12] Aufgrund der Querkontraktion ist die transversale Dehnung negativ. Aus Darstellungsgründen wurde jedoch die Dehnung positiv aufgetragen.

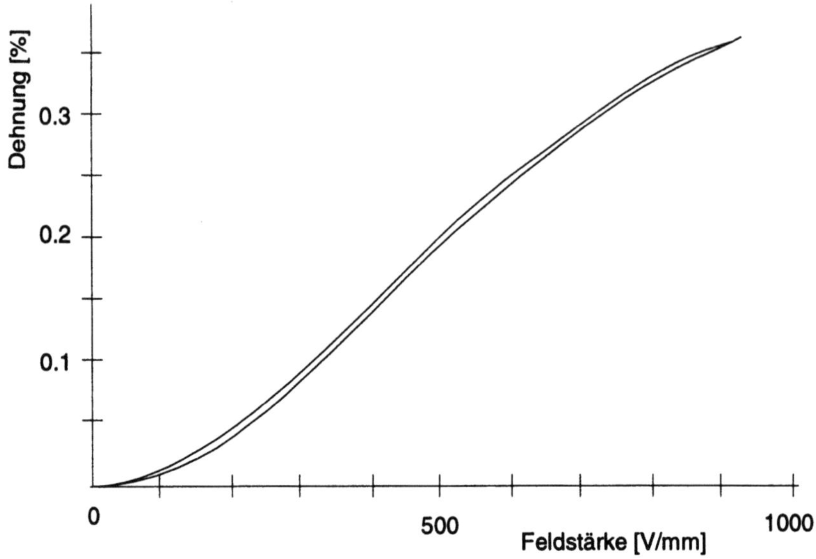

Bild 2.32. Kennlinie der transversalen Dehnung von PMN bei Raumtemperatur

Aufgrund des quadratischen Zusammenhanges spielt das Vorzeichen der angelegten Spannung bzw. Feldstärke keine Rolle. Der quadratische Zusammenhang zeigt sich insbesondere bei kleinen Feldstärken, oberhalb von 400 V/mm beginnt ein Bereich mit nahezu linearem Verhalten. Aus diesem Grunde werden PMN-Aktuatoren mit einer entsprechenden Bias-Feldstärke betrieben, um in diesem linearen Bereich arbeiten zu können. Die starke Temperaturabhängigkeit der elektrostriktiven Materialkonstanten muss beim Einsatz als Aktuator mitberücksichtigt werden.

2.5 Magnetostriktive Materialien

Unter Magnetostriktion wird die Veränderung der geometrischen Abmessungen eines Körpers im Magnetfeld verstanden [2.35 - 2.38]. Es ist die Analogie zur Elektrostriktion. Die induzierte Dehnung ist eine Funktion des Quadrates der magnetischen Feldstärke. Die magnetischen Dipole werden durch Anlegen des Feldes ausgerichtet. In erster Näherung bleibt das Volumen des Körpers erhalten. Die Verformung ist in etwa proportional zum Quadrat der magnetischen Erregung H, wobei insbesondere in Richtung der Magnetisierung eine Längenänderung eintritt. Die Dehnung im Körper wird durch das Eindrehen der Weissschen Bezirke in die Magnetisierungsrichtung erzeugt [2.35, 2.36].

Da die magnetostriktive Dehnung unabhängig von der Polarität des Feldes stets gleiches Vorzeichen aufweist, muss das Material vormagnetisiert werden, wenn gleichzeitig positive und negative Dehnungen gefordert werden. Diese Vormagnetisierung erfolgt mit Permanentmagneten, die zur Vermeidung magnetischer Streuflüsse möglichst dicht am magnetostriktiven Element plaziert werden.

Das magnetische Feld wird mit einer zylindrischen Erregerspule erzeugt, in deren Innern das stabförmige Material längs der Spulenachse angebracht ist. Ausserdem wird der Aufbau so gewählt, dass das Erregerfeld gut in den magnetostriktiven Stab eindringen kann.

Um zum einen höhere Dehnungen zu erzielen und zum anderen die Normalzug- und die Torsionsspannungen vom Stab zu isolieren, muss der Stab mit Hilfe von Federelementen vorgespannt werden. Dadurch wird die Kennlinie S(H) steiler, die Dehnung bis zu maximal 50% grösser. Ein Stab von 100 mm Länge und 20 mm Durchmesser liefert so eine maximale Stabkraft von bis zu 10 kN.

Tabelle 2.5. Kennwerte eines typischen magnetostriktiven Werkstoffs (Terfenol-D) [2.37]

Magnetostriktive Konstante d_{33} [V s/N]	$1.5\ 10^{-8}$
Permeabilitätszahl μ_{33}^{T}/μ_0	9.3
Kopplungsfaktor	0.75
Spez. elektrischer Widerstand [Ωm]	$0.6\ 10^{-6}$
Elastizitätsmodul [GPa]	55
Druckfestigkeit [MPa]	800
Zugfestigkeit [MPa]	28
Max. Dehnung [%]	0.2
Wärmeleitfähigkeit [W/m°K]	1100
Curietemperatur [°C]	380
Dichte [kg/m³]	9250

Die meisten Elemente aus der «Gruppe der seltenen Erden» haben gute magnetostriktive Eigenschaften. Der Werkstoff TERFENOL-D besteht aus den Elementen Terbium, Eisen (Ferrum) und Dysprosium. Der Herstellungsprozess basiert auf metallurgischen Verfahren zur Erzeugung von Einkristallen wie dem Zonenschmelzverfahren. Der Werkstoff wird hauptsächlich stabförmig mit Durchmessern von 5 bis 25 mm und Längen bis zu 200 mm geliefert. Dieser weist eine grosse Härte auf und verhält sich sehr spröde und damit bruchempfindlich [2.38].

In Tabelle 2.5 sind die Kennwerte eines typischen magnetostriktiven Werkstoffs zusammengefasst. Aufgrund der für integrierte Anwendungen aufwendigen Stimulierung mit Magnetfeldern ist der Einsatz als in Faserverbunde integrierte Aktuatoren bisher kaum in Anspruch genommen worden.

2.6 Formgedächtnislegierungen

Memory-Legierungen sind metallische Werkstoffe mit der besonderen Eigenschaft eines Formgedächtnisses[13]. Der Effekt wurde erstmals in den 30iger Jahren von Chang und Read an Gold-Cadmium- und kurz darauf auch an Kupfer-Zink-Legierungen (Messing) beobachtet. Erst 1962 wurde der «Shape Memory Effekt» (SME) dann in Nickel-Titan-Legierungen mit gleichen Atomanteilen beider Elemente bekannt. Interessant war die Erkenntnis, dass eine geringfügige Erhöhung des Nickelanteils die Transformationstemperatur, bei der der SME auftritt, von 100°C auf 0°C gesenkt werden konnte. Die Herstellung der Legierung war ausserdem metallurgisch nicht aufwendiger als die anderer Metalle. In den darauf folgenden Jahren wurden weitere Legierungen mit Formgedächtnis gefunden, allerdings mit zum Teil sehr exotischen und deshalb teuren Elementen (Tabelle 2.6). Kommerziell haben sich deshalb nur die Ni-Ti- und Cu-Al-Legierungen durchgesetzt. Der Grund für das ungewöhnliche Verhalten ist die Änderung der kristallinen Form in einer reversiblen martensitischen Umwandlung..

Tabelle 2.6. Legierungen mit Gedächtniseffekt [2.21]

Legierung	Zusammensetzung	Bereich der Transformationstemperatur [°C]	Hysteresebreite [°C]
AgCd	44 - 49 at% Cd	-190 bis -50	15
AuCd	46 - 50 wt% Cd	30 bis 100	15
CuAlNi	14 - 14.5 wt% Al 3 - 4.5 wt% Ni	-140 bis 100	35
CuSn	15 at% Sn	-120 bis 30	
CuZn	38.5 - 41.5 wt% Zn	-180 bis -10	10
CuZn X (X= Si, Sn, Al)	1 - 3 wt% X	-180 bis 200	10
InTi	18 - 23 at% Ti	60 bis 129	4
NiAl	36 - 38 at% Al	-180 bis 100	10
NiTi	49 bis 51 at% Ni	-50 bis 110	30
FePt	25 at% Pt	-130	4
FeMnSi	32 wt% Mn, 6 wt% Si	-200 bis 150	100
MnCu	5 - 35 at% Cu	-250 bis 180	25

[13] Engl. shape memory, SMA: Shape Memory alloy

In Abhängigkeit von der Umwandlungstemperatur[14] bzw. einer mechanischen Beanspruchung nimmt eine Memorylegierung zwei unterschiedliche Kristallstrukturen ein

Unterhalb der TTR ist die martensitische Phase (monoklinische Kristallstruktur) stabil, oberhalb der TTR die austenitische Phase (kubische Kristallstruktur). Bei der monoklinischen Struktur sind die Seitenlängen der Kristallzelle nicht gleich lang. Ferner stehen die Seitenflächen der Zelle nicht senkrecht aufeinander. Die Form der Zelle kann als gekippter (schiefer) Quader beschrieben werden. Bei der Phasentransformation bilden sich alternierende Bänder in unterschiedlichen Richtungen, womit die symmetrische Kristallstruktur verloren geht. Diese Struktur gerichteter Kristallbereiche ist jedoch in sich selbst im Gleichgewicht, so dass insgesamt nur eine sehr geringe makroskopische Dehnung auftritt. Die Struktur kann mit Hilfe von Schliffproben nachgewiesen werden.

Im Falle von spannungsinduziertem Martensit (infolge einer mechanischen Beanspruchung) wird die Bandstruktur, die sich deformiert und die grösste Formänderung in Richtung der mechanischen Beanspruchung ausführt, stabil und dominant in der Kristallkonfiguration. Dieser Vorgang ergibt einen makroskopische Dehnung, die wieder zurückgebildet wird, wenn die Kristallstruktur bei der Rücktransformation in Austenit übergeht. Der SME tritt auf, weil bei einer Erwärmung jede Kristallzelle aus der «gekippten Form» sich in die «ungekippte Form» zurückbildet. Falls alle Zellen dies in derselben Richtung ausführen, wird die vorher aufgenommen Deformation wieder umgekehrt zurückgebildet. Die dazu äquivalente thermodynamische Kraft, die das Material zur Umwandlung in Austenit bei Erwärmung zwingt, ist sehr gross. Sie entspricht der Festigkeit des Austenits.

Die Spannung, die zur Deformation des Martensit notwendig ist, ist erheblich kleiner. Die mechanische Arbeit zur Deformation des Materials unterhalb TTR ist demnach geringer als diesjenige, die beim Erwärmen (oberhalb TTR) freigesetzt wird. Im Grunde handelt es sich um einen Mechanismus, der Wärme in mechanische Arbeit umsetzt. Der Grund für die zyklische Wiederholbarkeit dieses Effektes liegt darin, dass die Deformation im martensitischen Zustand nicht die Kristallstruktur schädigt. In gewöhnlichen Metallen verursacht eine Deformation die Verschiebung von Fehlstellen und das Gleiten von atomaren Flächen übereinander in eine neue Position im Kristall. Die Position der Atome vor der Deformation ist nicht gespeichert. Es tritt infolge der Verschiebung von Fehlstellen eine Verfestigung auf, die eine weitere Deformation oder auch eine Rückdeformation erschwert. Die mechanischen Eigenschaften von Gedächtnislegierungen sind sehr stark von der Temperatur (TTR) abhängig.

[14] engl: transformation temperature (TTR)

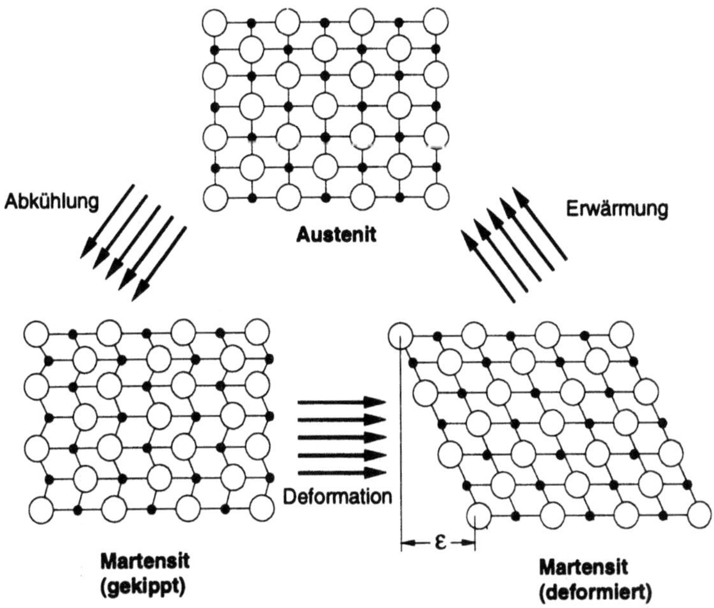

Bild 2.33. Änderung der kristallinen Form als Ursache für den SME [2.21]

In Bild 2.34 sind die Spannungs-/Dehnungskurven einer Ni-Ti-Legierung unterhalb, bei und oberhalb der TTR dargestellt. Das martensitische Gefüge ist bis zu 5% Dehnung bei verhältnismässig kleinen Spannungsniveaus verformbar, während das austenitische Gefüge einen grösseren E-Modul und höhere Fliessgrenze aufweist. Die bei der Kurve des Martensits eingezeichnete gestrichelte Linie deutet an, dass bei Erwärmung im spannungsfreien Zustand die Ausgangsform wieder eingenommen wird, wobei das Material wieder in den Austenit übergeht. Etwas Ähnliches wird bei der austenitschen Phase nicht gefunden, weil kein Phasenübergang auftritt. Ein sehr interessantes Verhalten zeigt sich bei einer Testtemperatur leicht oberhalb von TTR. Hier kann der Martensit spannungsinduziert werden, wobei sich eine bei konstanter Spannung zunehmende Dehnung einstellt (Kurve A-B). Nach Entlastung wird bei dem entsprechend niedrigen Spannungsniveau die austenitische Phase wieder eingenommen (C-D) und die Rückverformung setzt ein, wobei dies aufgrund der Spannungsreduktion und nicht wegen der Zuführung von Wärmeenergie erfolgt. Dieses nicht lineare Verhalten wird als Pseudoelastizität bezeichnet. Der Elastizitätsmodul ist in diesem Temperaturbereich sowohl temperatur- als auch dehnungsabhängig. In den meisten Fällen verläuft der Gedächtnisffekt nur in eine Richtung, d.h. bei Abkühlung tritt keinerlei Rückverformung ein, obwohl das Material in Martensit transformiert. Wird der Martensit jedoch um 5 bis 7% gedehnt, bleibt diese Dehnung bis zur Zuführung von Wärme erhalten. Wird danach wieder gekühlt, tritt keine spontane Rückverformung ein, sondern muss zunächst wieder gedehnt werden, damit der SME erneut auftreten kann.

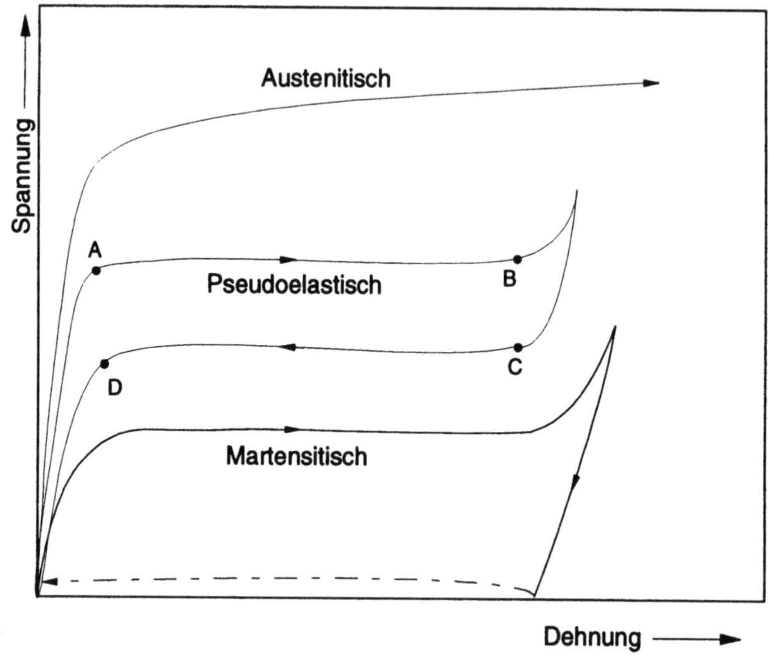

Bild 2.34. Spannungs-/ Dehnungskurven von SMA-legierungen bei unterschiedlichen Temperaturen

In einigen SMA-Legierungen kann auch der Zweiwegeffekt genutzt werden, wobei dann die Formänderung beim Erwärmen und Abkühlen auftritt. Die Rückverformung ist allerdings kleiner als beim Einwegeffekt. Die Kräfte bzw. Spannungen bei der Rückverformung in die Form bei tiefen Temperaturen sind deutlich kleiner als diejenigen, die bei der Rückverformung infolge Aufheizung auftreten. Es wurden verschiedene Wärmebehandlungen und mechanische Deformationsprozesse zur Erzielung des Zweiwegegeffektes vorgeschlagen. Alle verfolgen das Ziel, Spannungskonzentrationen auf Mikrostrukturebene in das Material einzubringen. Sie sorgen dafür, dass sich die martensitische Struktur bei Abkühlung in eine Vorzugsrichtung formiert, wodurch sich ein Formänderung in der gewünschten Richtung einstellt.

Wird ein Bauteil aus einer SMA-Legierung bei Raumtemperatur verformt, wird bei Überschreiten einer kritischen mechanischen Spannung in das vorliegende austenitische Gefüge Martensit induziert. Die darauf folgende Erwärmung des Bauteiles führt dazu, dass das Gefüge oberhalb einer bestimmten Temperatur wieder austenitisch wird und seine ursprüngliche Form wieder einnimmt. Nach einer Verformung des Bauteils im abgekühlten Zustand kann der Zyklus wieder von neuem durchlaufen werden.

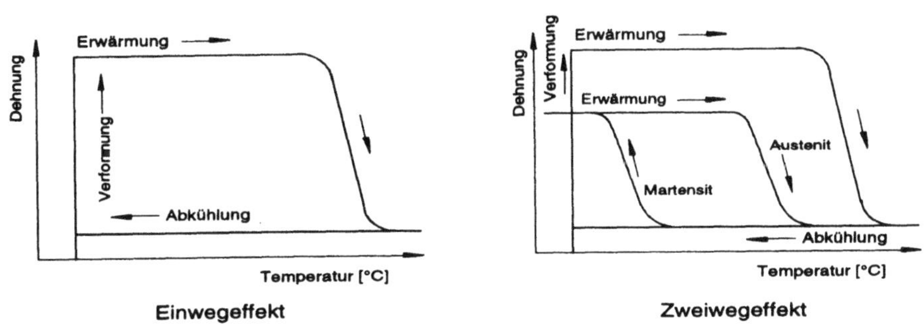

Bild 2.35. Kennlinien von SMA's mit Ein- und Zweiwegeffekt [2.21]

Der einmalige Memory-Effekt (Einwegeffekt) erfordert vor jeder Martensit-Austenit-Umwandlung eine erneute bleibende Verformung des Bauteils. Zum Auslösen des wiederholbaren Memory-Effektes (Zweiwegeffekt) genügt eine anfänglich bleibende Verformung und anschliessend ein blosses Erwärmen und Abkühlen, wobei ständig thermische Energie in mechanische umgewandelt wird. Bei den folgenden Temperaturzyklen ändern sich dann Fläche und Lage der je nach Legierung 10 bis 30° K breiten Hystereseschleifen nicht mehr. Voraussetzung für den Zweiwegeffekt ist allerdings eine spezielle thermomechanische Vorbehandlung des Werkstoffes, bei der ihm eine sogenannte Erziehungsspannung auferlegt wird.

Die Phasenwandlungen von der austenitischen zur martensitischen und die Inverse erfolgen nicht bei derselben Temperatur. Eine Darstellung des Umwandlungsprozesses als Funktion der Temperatur ist Bild 2.36 zu entnehmen.

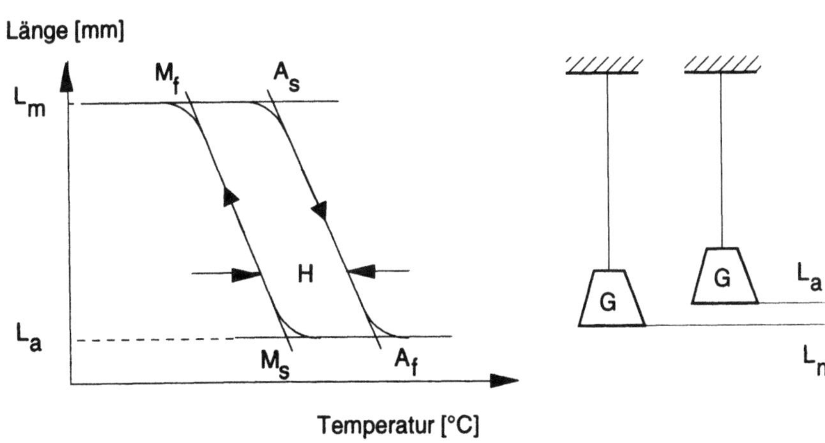

Bild 2.36. Qualitative Hysteresekurve (Längenänderung -Temperatur) eines SMA-Drahtes mit konstanter Last G

Der Zyklus ist durch folgende Temperaturen definiert:

- A_S: Beginn der austenitischen Phase
- A_f: Ende der austenitischen Phase
- M_S: Beginn der martensitischen Phase
- M_f: Ende der martensitischen Phase

Die Hysteresekurve ist ein wichtiges charakteristisches Merkmal des Aufheiz- und Abkühlverhaltens bezüglich aktiver Elemente aus SMA. Abhängig von der Zusammensetzung der Legierung und seiner Herstellung kann die Form der Hysteresekurve in einem grossen Bereich verändert werden.

Zur Charakterisierung von SMA's wird das DSC-Analyseverfahren[15], das gerade im Bereich der Kunststoffe sehr häufig eingesetzt wird, verwendet. Dieses Verfahren misst die Wärmemenge, die entweder von einem Material abgegeben oder absorbiert wird, wenn es durch einen Temperaturbereich, in dem Phasenübergänge auftreten, abgekühlt oder erwärmt wird. Die endothermen oder exothermen Reaktionen zeigen bei der entsprechenden Temperaturen den Beginn oder das Ende eines Phasenüberganges. Eine weitere Möglichkeit der Charakterisierung besteht darin, die Dehnung bei einer konstanten Last als Funktion der Temperatur zu messen (Bild 2.34).

Tabelle 2.7. Charakteristische Materialkennwerte von Memory-Legierungen [2.20]

	NiTi	CuZnAl	CuNiAl
Schmelztemperatur [°C]	1300	950 -1020	1000 - 1050
Max. Einsatztemperatur [°C]	400	160	300
Wärmeleitzahl [W/m °C]	18 (a) 9.5 (m)	120	30 - 43
Mittlere Dichte [10^3 kg/m^3]	6.45	7.9	7.2
Max. Spez. elektr. Widerstand [μΩ cm]	100 (a) 70 (m)	8.5 - 9.7	11 - 13
Elastizitätsmodul [GPa]	83 (a) 28 - 41 (m)	72 (a) 70 (m)	85 (a) 80 (m)
Fliessgrenze [MPa]	195 - 690 (a) 70 - 140 (m)	350 (a) 80 (m)	400 (a) 130 (m)
Bruchgrenze [MPa]	895	600	500 - 800
Max. Bruchdehnung [%]	50	15	6
Max. Einwegeffekt [%]	8	4	5
Max. Zweiwegeffekt [%]	5	1	1.2
Transformationsstemperatur [°C]	-200 bis 110	< 120	< 200
Hysteresebreite [°C]		15 bis 25	15 bis 20

[15] Differential Scanning Calorimeter

Die heute verfügbaren Memory-Metalle basieren auf Nickel-Titan-(NiTi-) und Kupfer-Zink-Aluminium- (CuZnAl-) Legierungen. NiTi wird im Elektronenstrahl- oder im Vakuuminduktionsofen aufgeschmolzen. Die Warmumformung gegossener NiTi-Blöcke wird durch Walzen oder Strangpressen vorgenommen. Ebenso sind alle gängigen Kaltumformverfahren zur Halbzeugherstellung anwendbar. Die Schmelztemperatur dieser Legierungen liegt bei ca. 1200°C bis 1300°C.
Die wichtigsten Eigenschaften dieser Legierungen sind in Tabelle 0.7 zusammengestellt. NiTi-Legierungen werden häufig bevorzugt, da sie einen grösseren Ein- und Zweiwegeffekt haben. Ferner ist die Gefahr der Überhitzung geringer, die Langzeitstabilität besser und die Korrosionseigenschaften sind gut. Die unterschiedliche elektrische Leitfähigkeit und die Breite der Kennlinienhysterese sind weitere Auswahlkriterien. Die Kennlinienhysterese ist eine Funktion der Wärmebehandlung und kann zwischen 2°C bis 30°C betragen. Die Bruchspannung bzw. die maximale Zugfestigkeit ist ebenfalls eine Funktion der Wärmebehandlung. Die angegebenen Werte beziehen sich auf die wärmebehandelten Legierungen, die unbehandelten haben etwa doppelt so grosse Bruchspannungen.

Die Umwandlungstemperaturen der verschiedenen Legierungen bewegen sich in der gleichen Grössenordnung. Sie lassen sich durch die chemische Zusammensetzung der Legierung definieren. Ni-Ti-Legierungen haben eine Umwandlungstemperatur (A_s) zwischen 0°C und 100°C und eine Hysteresebreite von 25°C bis 40°C. Legierungen mit einem Kupferzusatz haben eine kleinere Hysteresebreite von ca. 7°C bis 15°C und Transformationstemperaturen zwischen -10°C und 80°C. Für den Einwegeffekt können durch spezielle Vorbehandlung der Legierung höhere Umwandlungstemperaturen erreicht werden. Eine thermomechanische Behandlung der Ni-Ti SMA's führt zu einem steilen Verlauf der Hysteresekurve (d. h. eine grosse Formänderung bei geringer Temperaturänderung).

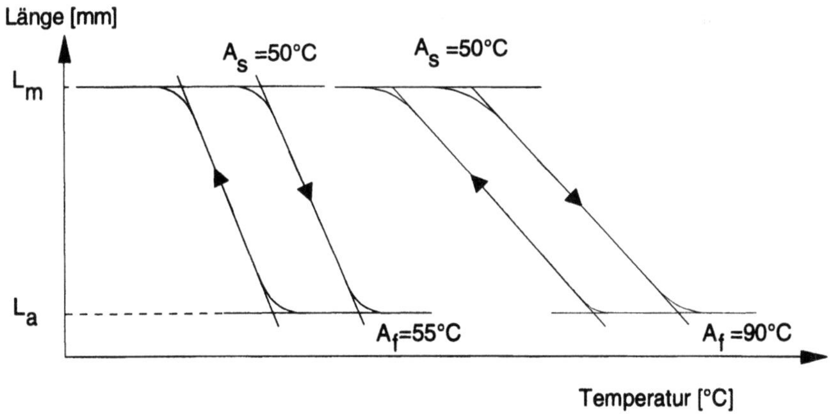

Bild 2.37. Einfluss der thermomechanischen Behandlung auf die Form der Hysteresekurve bei SMA's

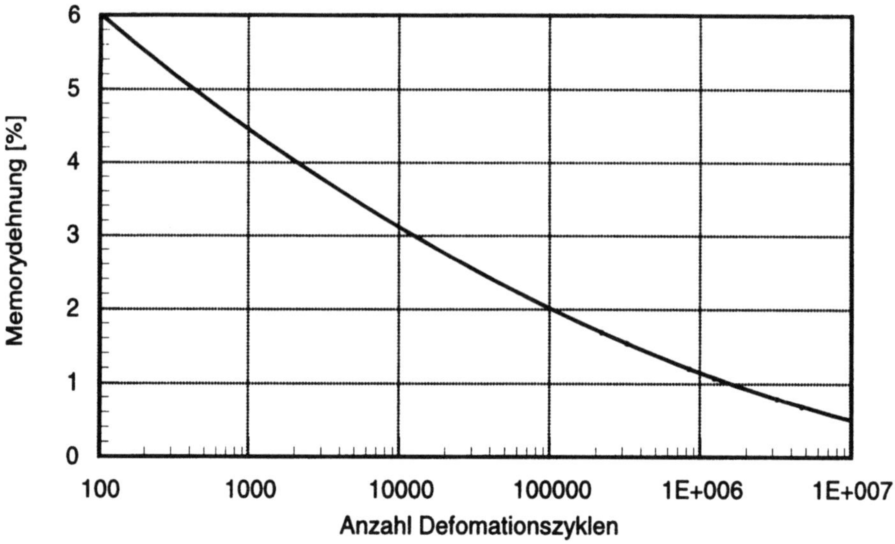

Bild 2.38. Ermüdungseffekt bei Memorylegierungen

Dieses Verhalten ist immer dann erwünscht, wenn eine sprunghafte Formänderung bei einer bestimmten Temperatur erfolgen soll. Mit einer modifizierten thermomechanischen Behandlung kann eine geringere Steigung der Hysteresekurve eingestellt werden, was für eine proportionale, kontinuierliche Formänderung geeignet ist (Bild 2.37).

Die reversible Dehnung infolge des Memory-Effektes ist von der Anzahl der durchlaufenen Zyklen abhängig. Es tritt ein gewisser Ermüdungseffekt ein, der sich in einer abnehmenden Dehnung zeigt (vgl. Bild 2.38).

Im Vergleich zum Bimetall, das aufgrund der Inkompatibilität thermischer Dehnungen der gepaarten Materialien eine zur Temperatur proportionale Formänderung aufweist, zeigt das Memory-Metall ausgeprägtes Hystereseverhalten und eine deutlich höhere Energiedichte. Memory-Legierungen werden entweder zu Formteilen verarbeitet oder in Drahtform angeboten. Die Drähte können dann direkt in Faserverbundlaminate eingebettet werden.

Bei Einsatz von Memory-Elementen ist die Art der Wärmeübertragung wesentlich, weil für die Formänderungsgeschwindigkeit die Aufheiz- bzw. Abkühlgeschwindigkeit bestimmend ist. Zum Auslösen des Memory-Effektes kann auch die joulesche Wärme des stromdurchflossenen Drahtes genutzt werden. Bei dieser Art der Erwärmung ist es möglich, den Memory-Effekt durch einen Stromimpuls schlagartig auszulösen. Damit ist der Einsatz insbesondere für Mechanismen wie beispielsweise Verschlüssen oder Verriegelungen interessant.

Tabelle 2.8. Beheizung von Memorydrähten über den Ohm'schen Widerstand

Drahtdurchmesser [mm]	Heizspannung je 1000 mm Drahtlänge [V]	max. Stromaufnahme [mA]	Aufheizzeit/ Abkühlzeit [s]
0.12	16.6	250	3/4
0.20	11.0	470	7/7
0.40	5.5	920	15/50

Bei dünnwandigen Bauteilen ist es auch möglich, die Strahlungswärme eines Energieträgers zu nutzen, um die erforderliche Umwandlungstemperatur zu erreichen.

Werden Memory-Legierungen in (dünnen) Drahtform eingesetzt, liegt in erster Näherung eine einachsig Zug/Druckbeanspruchung vor. Die Dimensionierung erfolgt nach der maximal zulässigen Normalspannung. Die Dehnung ist dann

$$\varepsilon_M = \frac{\Delta l}{l} \tag{2.38}$$

wobei Δl die Längenänderung des Drahtes, l die Ausgangslänge und A der Drahtquerschnitt ist.

In Tabelle 2.8 sind einige Zahlenwerte für den Fall der direkten Beheizung des Memorydrahtes über seinen ohmschen Widerstand angegeben. Ideale Anwendungen liegen vor, wenn bei Temperaturerhöhung mechanische Arbeit geleistet werden soll und das Memory-Element sowohl sensorische als auch aktorische Aufgaben übernehmen kann. Da der Werkstoff formgebend spanlos und spanend bearbeitet und auch geschweisst werden kann, gibt es zahlreiche Möglichkeiten, das Bauelement den jeweiligen Gegebenheiten optimal anzupassen.

Um den Memory-Effekt ausnutzen zu können, ist eine Wärmebehandlung zur Einprägung des Formgedächtnisses notwendig. Die Legierung wird dazu in die gewünschte Form gebracht und bei ca. 400 bis 500°C über einen Zeitraum zwischen 5 bis 30 Minuten im Vakuum oder Inertgasatmosphäre getempert.

Bei der Paarung von Memory-Legierungen mit anderen Werkstoffen muss der enorme Unterschied bezüglich des Dehnungsvermögens beachtet werden. Konventionelle Werkstoffe liegen bei ca. 0.5% maximale Dehnung. Die erreichbare Dehnung infolge Memory-Effektes ist eine Funktion der Vorspannung, die in das Material eingeprägt wird. Die Festigkeit, die Aktuationskraft und die Rückstellkraft sind von der Querschnittsfläche abhängig.

2.6.1 Vergleich von Formgedächtnislegierungen mit Bimetallen

Aufgrund des Materialverhaltens liegt der Vergleich von SMA's mit Bimetallen nahe. Bei Bimetallen wird die Deformation durch die Paarung zweier Werkstoffe gleicher Steifigkeit, jedoch unterschiedlicher Wärmeausdehnung hervorgerufen.

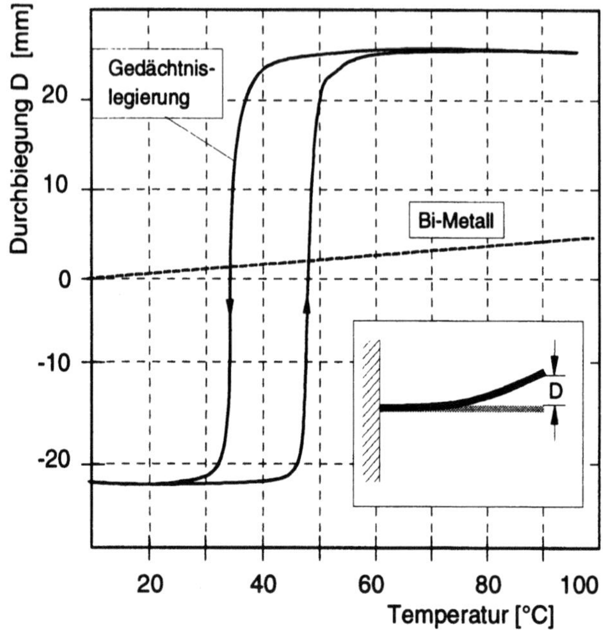

Bild 2.39. Vergleich der Deformationen eines Kragbalkens aus Bi-Metall und SMA [2.20]

Für den Krümmungsradius des Bimetalls, bestehend aus Material (1) und (2), ergibt sich

$$\frac{1}{\rho} = (\alpha_1 - \alpha_2)\,\Delta T \left[\frac{2}{H_1 + H_2} \frac{I_1}{F_1} \left(1 + \frac{I_2 E_2}{I_1 E_1}\right)\left(1 + \frac{F_1 E_1}{F_2 E_2}\right) + \frac{H_1 + H_2}{2} \right]^{-1} \tag{2.39}$$

und für die Durchbiegung δ

$$\delta = \frac{\rho l^2}{2} \tag{2.40}$$

mit H_i = Dicke [mm]
F_i = Querschnittsfläche [mm^2]
I_i = Biegeträgheitsmoment [mm^4]
E_i = Elastizitätsmodul [N/mm^2]
l = Länge der Struktur [mm]
α_i = Wärmeausdehnungskoeffizient [ppm/°C]
ΔT = Temperaturdifferenz bzgl. unverformten Zustand [°C]

Die maximale Differenz der Wärmeausdehnungskoeffizienten ist bei Bimetallen $\Delta\alpha \approx 20$ ppm/°C. Ein Bimetallstreifen mit der Dicke von 1 mm und Länge von

50 mm biegt sich bei einem Temperaturunterschied ΔT=80°C ca. 4mm durch. Die Durchbiegung kann in beide Richtungen erfolgen. Im Vergleich dazu kann ein Streifen aus SMA bei gleichen Dimensionen Durchbiegungen bis zu 50 mm erreichen Bild 2.39.

Die Deformation des Bimetalls ändert sich linear mit der Temperaturänderung, die des SMA abrupt bei einer diskreten Temperatur. Da die Kennlinie des SMA eine starke Hysterese hat, ist die Verschiebung bei steigender oder fallender Temperatur unterschiedlich.

Ein weiterer Unterschied zwischen Bimetallen und Formgedächtnislegierungen besteht in der realisierbaren Deformationsrichtung. Bei Bimetallen erfolgt die Deformation jeweils senkrecht zur Kontaktebene der gepaarten Materialien. Da SMA's monilithische Materialien sind, ist keine bevorzugte Deformationsrichtung vorgegeben. Es sind sogar komplexe dreidimensionale Bewegungen durch gleichzeitige Krümmung und Drillung möglich.

2.6.2 Hybridverbunde mit SMA-Fasern

Im Bereich der aktiven Funktionsbauweisen lassen sich mit SMA's verschieden Effekte in faserverstärkten Kunststoffen erzielen [2.26, 2.30, 2.31].

Bei der Methode der aktiven Eigenschaftsbeeinflussung[16] (*MAEI*) werden die mechanischen Eigenschaften des Laminates resp. die Steifigkeit durch die aktiven Elemente verändert. Dazu werden in das Laminat SMA-Fasern eingebettet. Dies ist grundsätzlich mit duroplastischen oder thermoplastischen Matrixwerkstoffen möglich. Die Konsolidierungstemperatur von Thermoplasten bei ca. 380°C für einige Minuten hat noch keinen Einfluss auf die Eigenschaften der SMA-Fasern. Die Fasern werden dann mit Hilfe eines elektrischen Stroms über den Eigenwiderstand aufgeheizt. Bei Erreichen der TTR erfolgt dann der Übergang von der austenitischen in die martensitische Phase, die durch einen sprungartigen Zuwachs des Elastizitätsmoduls um den Faktor 3 in den SMA-Fasern begleitet wird. Fasern sind in die «weichere Richtung» des Laminates zu orientieren, d.h. in die 2-Richtung, weil somit ein grösserer Versteifungseffekt bei gleichzeitiger Reduzierung des Steifigkeitsunterschiedes zwischen 1- und 2-Richtung erreicht wird. Ausserdem sollten die Fasern in Bereiche der grössten Dehnungen gelegt werden. Bei Biegeverformungen sind die SMA-Fasern demnach möglichst weit entfernt von der neutralen Faser zu positionieren.

Die Methode der aktiven Energieänderung[17] *(MAE)* beruht darauf, die SMA-Fasern vor dem Aushärten im Laminat plastisch vorzuverformen. Nach Aushärten und Abkühlen befinden sich die Fasern dann im deformierten Zustand, der durch Zuführung von Wärmeenergie infolge des shape memory effects wieder in den

---

[16] Engl.: active property tuning

[17] Engl.: active strain energy tuning

unverformten Zustand zurückgeführt werden kann. Sind die Fasern symmetrisch im Laminat oder in der Mittelebene angeordnet, tritt keine Biegeverformung ein.

Durch Aktivierung der Rückverformung mit Hilfe von Wärme wird die Struktur in einen anderen Energiezustand überführt, der sich aufgrund der inneren Spannungen ergibt. Je nach den Randbedingungen der Struktur resultieren andere Effekte. Eine Scheibe mit freiem Rand verformt sich (in ihrer Ebene). Die dazu mechanisch analoge Belastung ist eine linienhafte Drucklast längs des freien Scheibenrandes. Wird die Verformung infolge Einspannung behindert, ist die der Rückstellkraft analoge mechanische Last eine Zugbeanspruchung.

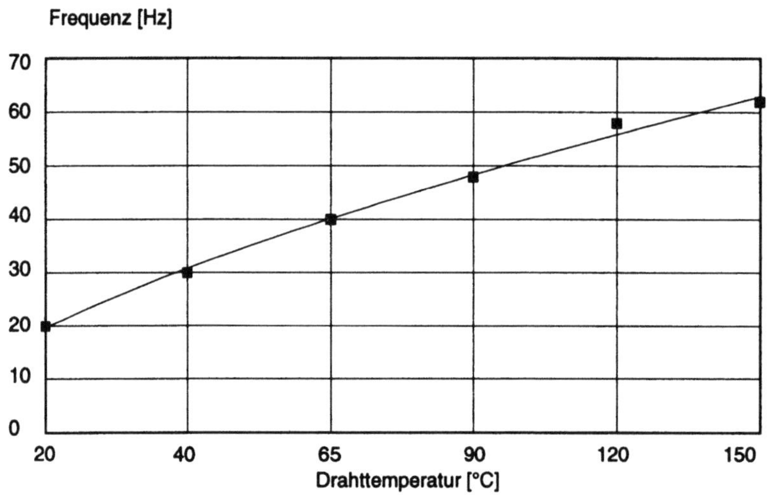

Bild 2.40. Beeinflussung des dynamischen Verhaltens eines Balkens mit MAEN [2.30]

Die MAEN, bei der Rückformeffekt gezielt ausgenutzt wird, hat gegenüber der MAEI den Vorteil des geringeren Bedarfs an SMA-Faseranteil im Laminat bei gleichem Steifigkeitszuwachs. Bild 2.40 zeigt das Beispiel der Beeinflussung des dynamischen Verhaltens eines Balkens mit MAEN. Die erste Eigenfrequenz kann durch Stimulierung der eingebetteten SMA-Drähte um den Faktor 3 erhöht werden. Der Faseranteil an SMA's beträgt in diesem Beispiel 15 %.

Ein weiterer physikalischer Effekt, der beim Übergang zwischen dem austenitischen und martensitischen Gefüge auftritt, kann beim Einsatz von SMA als Sensoren genutzt werden. Dies ist die Änderung des elektrischen Widerstands. Wie Tabelle 2.7 hervorgeht, ändert sich der elektrische Widerstand von Ni-Ti-Legierungen beim Phasenübergang um ca. 40 %.

Ni-Ti-Legierungen für kontinuierliche Dehnungsmessungen nutzen das superelastische Verhalten in der Nähe der TTR. Die Fasern oder Drähte ändern ihren spezifischen elektrischen Widerstand in Abhängigkeit der über die Faserlänge aufintegrierten Dehnung. Mit zunehmender Dehnung steigt der Widerstand der Faser. Damit kann der Draht als verstimmter Widerstand in der Wheatstoneschen Brückenschaltung analog zum DMS betrachtet werden. Untersuchungen haben gezeigt, dass aufgrund des superelastischen Materialverhaltens Dehnungen bis 6 % wiederholbar und zuverlässig gemessen werden können. Wird die Faser weiter gedehnt, tritt eine plastische Verformung auf. Die Vorteile dieser Messmethode sind die einfache Anwendung und die Möglichkeit der globalen Dehnungserfassung längs der Faserlänge. Es muss jedoch beachtet werden, dass der spezifische elektrische Widerstand von superelastischem Ni-Ti-Draht stark temperaturabhängig ist.

3. Die Interaktion von Struktur und aktiven Elementen

3.1 Einführung

Die Zielsetzung dieses Kapitels ist es, die Interaktion von Struktur und Aktuatoren mit einfachen mechanischen Modellen im Bezug auf die physikalischen Grundlagen zu beschreiben. Damit sollen grundsätzliche Aussagen über die Wirksamkeit und damit auch über die Dimensionierung dehnungsinduzierender Aktuatoren möglich sein.

Aus Gründen der Einfachheit werden die Betrachtungen zunächst auf Balkenstrukturen beschränkt bleiben. Die Ergebnisse der analytischen Modelle werden dann mit experimentellen Untersuchungen verglichen, so dass eine Aussage über die Genauigkeit und damit die Brauchbarkeit der einzelnen Modelle durchgeführt werden kann.

Piezokeramiken sind nur ein Typus einer Vielzahl dehnungsinduzierender Aktuatoren (siehe Kapitel 2). Obwohl die physikalischen Effekte der Dehnungsinduzierung unterschiedlich sind, haben alle Aktuatoren mechanische Eigenschaften gemeinsam. Sie sind entweder auf eine Struktur aufgeklebt oder in eine Struktur eingebettet.

Bei Einleitung der Aktuationsenergie werden sowohl die Struktur als auch die Aktuatoren gedehnt, gebogen oder gescherrt. Je nach Betrag der Aktuationsdehnung, der Geometrie und dem Steifigkeitsverhältnis der Aktuatoren, Struktur und Klebeschicht werden die Art und der Betrag der Verformung definiert. Die in diesem Kapitel vorgestellten Modelle sind grundsätzlich auf alle dehnungsinduzierenden Aktuatoren anwendbar. Auf der Grundlage der im Kapitel 2 erläuterten Eigenschaften der Piezokeramiken können die analytischen Modelle mit den Ergebnissen der experimentellen Untersuchungen verglichen werden.

Im weiteren werden drei unterschiedliche Modelle der dehnungsinduzierten Aktuation dargestellt. Sie beschreiben mit steigender Genauigkeit das mechanische Verhalten der Aktuatoren in der Struktur. Es können auch Balkenstrukturen mit beliebigen Querschnittsformen betrachtet werden. Ferner sind sie sowohl für dynamische Problemstellungen (Schwingungskontrolle) als auch für quasi-statische Probleme (Verformungskontrolle) geeignet.

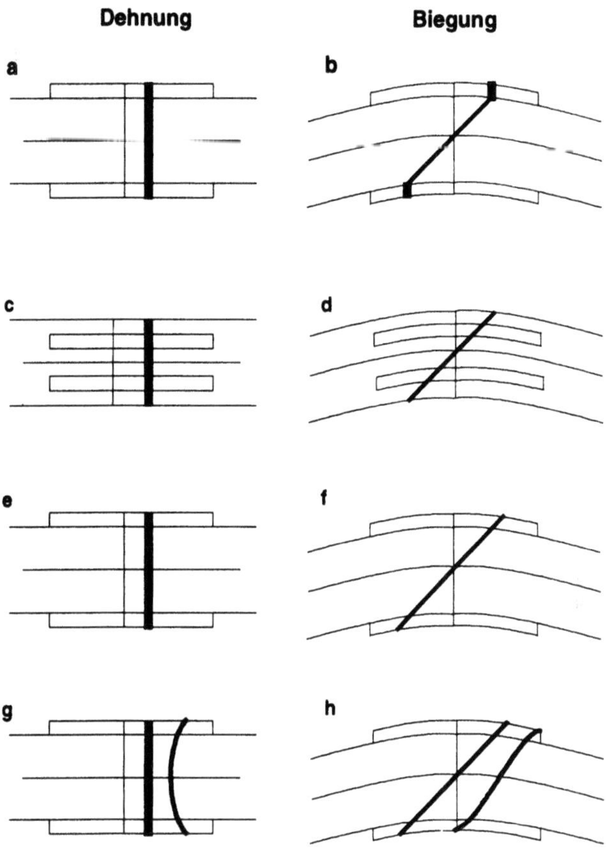

Bild 3.1. Induzierte Dehnungsverteilungen in den verschiedenen Modellen; **a, b**: konstante Dehnungsverteilung; **c, d**: Bernoulli-Euler; **e, f**: Bernoulli-Euler; **g, h**: Finite Elemente

Die Modelle können wie in Bild 3.1 dargestellt aufgrund unterschiedlichen Annahmen bezüglich der Dehnungsverteilung klassifiziert werden. Die Dehnungsverteilungen sind durch dick ausgezogene Linien symbolisiert. Das erste Modell (**a**, **b**) berücksichtigt nur eine über die Aktuatordicke konstante Dehnungsverteilung.

Die zweite Modellierung (**c**, **d**, **e**, **f**) erlaubt sowohl Dehnung als auch Biegung in den Aktuatoren. Es wird deshalb als Bernoulli-Euler oder auch konsistentes Dehnungsmodell bezeichnet, da es den klassischen Annahmen nach Biegetheorie von Bernoulli-Euler entspricht.

Das dritte Modell (**g**, **h**), das mit der Methode der finiten Elemente erstellt wird, berücksichtigt implizit alle Deformationen infolge Dehnung, Biegung und Schub.

Zusätzlich werden die analytischen Modelle für den Fall, dass eine Schubdeformation in der Klebeschicht zwischen Aktuator und Struktur auftritt, erweitert. Die Ergebnisse der analytischen Modelle werden dann gegeneinander verglichen, um Aussagen über Grössen wie induzierte Dehnung und erreichbare Deformation an typischen Strukturen zu machen. Danach kann ein Vergleich mit den Ergebnissen experimenteller Untersuchungen gezogen werden.

In Kapitel 2 wurden die Symbole S und T gemäss der "IEEE Standards on Piezoelectricity" zur Bezeichnung der Dehnung und der Spannung verwendet. Im folgenden werden jedoch wieder die in der Mechanik üblichen Symbole ε und σ zur Bezeichnung von Dehnung und Spannung benutzt.

3.2 Das Modell der konstanten Dehnungsverteilung

Die Bezeichnung dieses Modells beschreibt die Art der Dehnungsverteilung innerhalb der Aktuatoren. Es wird angenommen, dass die Dehnung in den aufgeklebten Aktuatoren konstant über die Dicke ist. Die Annahme ist für den Fall gerechtfertigt, dass die Aktuatoren eine reine Ausdehnung in schlanke Stäbe oder Balken einleiten. Für den Biegefall ist diese Annahme auch gerechtfertigt, wenn die Basisstruktur sehr viel dicker als die Aktuatoren ist. Als Beispiel für die konstante Dehnungsverteilung soll nun die Herleitung des Modells für die induzierte Biegung mit perfekt aufgeklebten Aktuatoren[1] gezeigt werden. Die Indizes *s* bzw. *a* bezeichnen die Grössen der Struktur und des/-r Aktuators/-en.

3.2.1 Die perfekte Verklebung von Aktuator und Struktur

Befindet sich eine Klebeschicht zwischen Struktur und Aktuatoren, werden die Kräfte der Aktuatoren über Schubspannungen, die über die Aktuatorlänge variieren, übertragen. An den Enden der Aktuatoren treten Schubspannungsspitzen auf. Im Extremfall einer "perfekten Verklebung" werden die Aktuatorkräfte an Punkten (infinitesimale Fläche) in die Struktur eingeleitet. Aus dem Gleichgewicht (Bild 3.2) ergibt sich ein Moment infolge der Aktuatorkräfte F mit dem Betrag

$$M = -F t_s \tag{3.1}$$

Die Balkenstruktur, die aus k-Schichten mit unterschiedlichen Elastizitätsmoduli E^k bestehen soll, befindet sich im reinem Biegezustand

$$\sigma_s^k(z) = -\frac{M z E^k}{(EI)_s} \tag{3.2}$$

Da der Balken als symmetrisch angenommen wird, ergibt sich für die Spannung an der Oberfläche σ_s^O bei $z = t_s/2$,

$$\sigma_s^O = \frac{F t_s^2 E_s^O}{2(EI)_s} \tag{3.3}$$

[1] d. h. schubstarre Klebschicht.

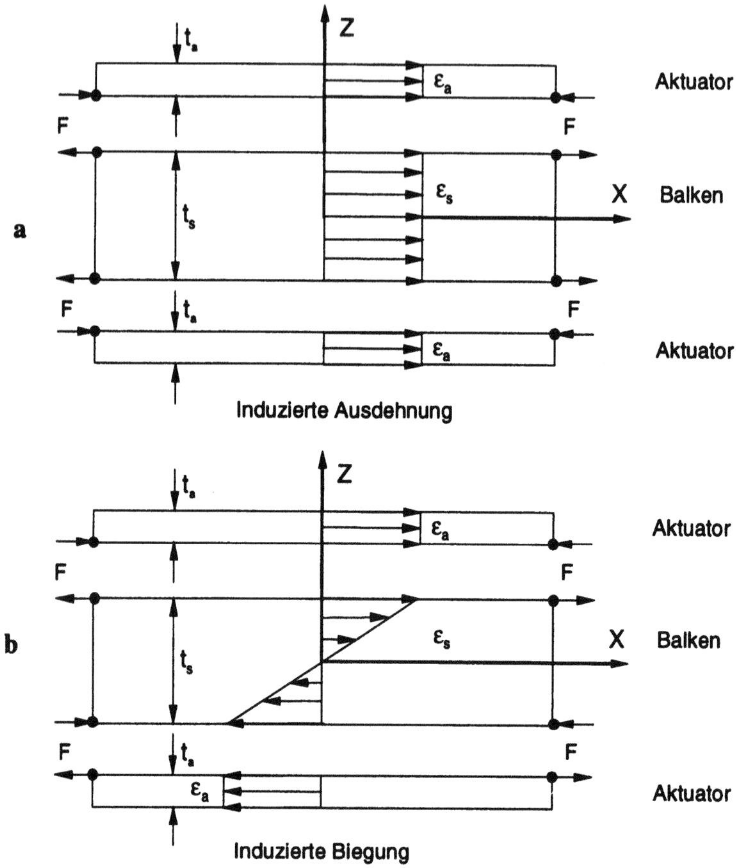

Bild 3.2. Geometrie der Modelle mit konstanter Dehnung; **a** induzierte Ausdehnung, **b** induzierte Biegung

Der Aktuator dehnt sich gleichmässig um einen konstanten Betrag, d. h. er wird nicht gebogen. Damit ist die Beanspruchung im Aktuator

$$\sigma_a = -\frac{F}{A_a} \tag{3.4}$$

Die Spannungs-/ Dehnungsbeziehungen von Struktur und Aktuator:

$$\varepsilon_s = \frac{\sigma_s^k}{E_s^k} \tag{3.5}$$

$$\varepsilon_a = \frac{\sigma_a}{E_a} + \Lambda \tag{3.6}$$

wobei Λ die Aktuationsdehnung bezeichnet.

Die Aktuationsdehnung kann durch Piezoelektrizität, Elektrostriktion oder aufgrund eines anderen physikalischen Phänomens hervorgerufen werden.

Durch die Forderung der Verschiebungskompatibilität am Interface zwischen Struktur und Aktuator lassen sich die Dehnungen bestimmen. Durch Einsetzen der Gleichungen (3.3) und (3.4) in die Gleichungen (3.5) und (3.6) und Gleichsetzen der letzteren wird die Kraft F berechnet

$$F = -\frac{\Lambda}{\left(\frac{t_s^2}{2(EI)_s} + \frac{1}{(EA)_a}\right)} \tag{3.7}$$

und die induzierte Dehnung im oberen Aktuator und der Oberfläche der Struktur

$$\varepsilon_s^o = \varepsilon_a = \frac{1}{\left(1 + \frac{2(EI)_s}{(EA)_a t_s^2}\right)} \Lambda \tag{3.8}$$

oder anders geschrieben

$$\varepsilon_s^o = \varepsilon_a = \frac{6\Lambda}{6 + \psi_b} \tag{3.9}$$

mit

$$\psi_b = \frac{12(EI)_s}{t_s^2 (EA)_a} \tag{3.10}$$

als ein Mass für die relative Steifigkeit von Struktur und Aktuator. Bei einem Balken mit Rechteckquerschnitt gilt für das Biegeträgheitsmoment

$$I_s = \frac{A_s t_s^2}{12} \tag{3.11}$$

und das relative Steifigkeitsverhältnis

$$\psi_b = \frac{(EA)_s}{(EA)_a} \tag{3.12}$$

Der untere Aktuator und die untere Oberfläche des Balkens haben die Dehnung

$$\varepsilon_s^u = \varepsilon_a = -\frac{6\Lambda}{6 + \psi_b} \tag{3.13}$$

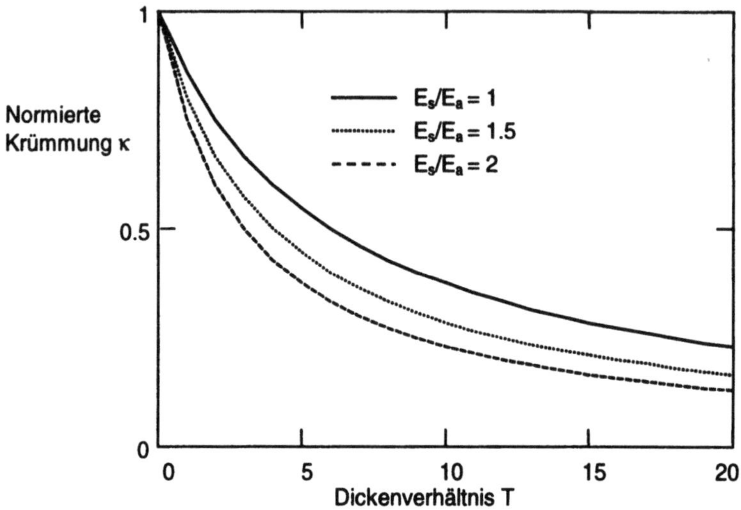

Bild 3.3. Normierte induzierte Krümmung für den Biegefall mit konstanter Dehnung

Damit folgt für die Krümmung der Struktur schliesslich

$$\kappa = -\frac{2}{t_s}\frac{6\Lambda}{6+\psi_b} \tag{3.14}$$

Bild 3.3 stellt die berechneten, normalisierten Krümmungen $\kappa t_s/2\Lambda$ als Funktion verschiedener Steifigkeits- und Dickenverhältnisses von Struktur und Aktuatoren dar. Es handelt sich um einen Rechteckquerschnitt mit gleich breiter Struktur und Aktuatoren ($b_s = b_a$). Die Krümmung ist normiert, wobei die induzierte Dehnung der Balkenoberfläche auf die Aktuationsdehnung Λ bezogen ist. Bei einem konstanten Verhältnis T ($T=t_s/t_a$) wird weniger Dehnung in eine Struktur mit höherer Steifigkeit als derjenigen der Aktuatoren eingeleitet. Zur Einleitung der maximalen Aktuationsdehnung muss das Dickenverhältnis von Struktur und Aktuator möglichst klein sein. Für den Fall der reinen Ausdehnung infolge Aktuation ergibt sich für die Dehnung am Aktuator bzw. der Struktur in analoger Weise

$$\varepsilon_s^u = \varepsilon_a = -\frac{2\Lambda}{2+\psi_d} \tag{3.15}$$

mit

$$\psi_d = \frac{(EA)_s}{(EA)_a} \tag{3.16}$$

wobei diese Gleichungen für beliebige Querschnitte gelten.

3.2.2 Berücksichtigung einer endlichen Klebeschichtdicke

Im folgenden werden die Ergebnisse der Modelle, die die Klebeschicht zwischen Struktur und Aktuator berücksichtigen, für die reine Ausdehnung und Biegung zusammengefasst. Damit soll eine Aussage über die Dehnungsverluste infolge Schubdeformation in der Klebeschicht gemacht werden. Nach Möglichkeit sollte die Klebeverbindung bei aufgeklebten Aktuatoren möglichst "steif" zur Übertragung der Aktuationskräfte sein. Die Verluste sind bei einer weichen und dicken Klebeschicht am grössten. Unter der Annahme einer konstanten Dehnungsverteilung in den Aktuatoren folgt für die Dehnungen an der Strukturoberfläche bzw. am Aktuator bei Vorhandensein einer Klebeschicht [3.2]:

$$\frac{\varepsilon_a}{\Lambda}=\frac{\alpha}{\alpha+\psi}\left(1+\frac{\psi}{\alpha}\frac{\cosh(\Gamma\bar{x})}{\cosh(\Gamma)}\right) \tag{3.17}$$

$$\frac{\varepsilon_s}{\Lambda}=\frac{\alpha}{\alpha+\psi}\left(1-\frac{\cosh(\Gamma\bar{x})}{\cosh(\Gamma)}\right) \tag{3.18}$$

wobei $\bar{x}$ die dimensionslose Koordinate entlang der Aktuatorlänge bezeichnet ($-1\leq\bar{x}\leq 1$).

Weiter gilt:

Ausdehnung: $\alpha = 2, \psi = \psi_d$

Biegung: $\alpha = 6,\ \psi = \psi_b$

Der Schubparameter ist für den Fall der Ausdehnung:

$$\Gamma^2=\frac{\left(\dfrac{G^{Kl}}{E_a}\dfrac{t^{Kl}}{t_a}\right)}{\left(\dfrac{t^{Kl}}{l_a}\right)^2}\left(\frac{2+\Psi_d}{\Psi_d}\right) \tag{3.19}$$

wobei l_a die Länge eines Aktuators und der hochgestellte Index "KL" die Grössen der Klebeschicht bezeichnet.

Der Schubparameter wird um so grösser, je höher der Schubmodul der Klebschicht, je dünner die Klebeschichtdicke oder je grösser die Aktuatorlänge ist. In der Mitte des Aktuators ($\bar{x}=0$) sind die Dehnungen von Aktuator und Struktur nahezu identisch, wenn eine perfekte Verklebung vorliegt. An den Enden des Aktuators ($\bar{x}=\pm 1$) ist die Dehnung im Aktuator gleich der Aktuationsdehnung Λ, die Dehnung in der Struktur ist gleich Null. Für den Grenzfall einer perfekten Verklebung (grosses Γ), nähern sich die Dehnungen aus Gl. (3.17) und Gl. (3.18) denjenigen der perfekten Verklebung der Gl. (3.9) und Gl. (3.15).

Wird die Dehnung in der Struktur für den Fall der reinen Ausdehnung gemäss Gl. (3.18) über die Aktuatorlänge aufintegriert, ergibt sich die gesamte in die Struktur induzierte Verformung

$$\frac{u}{l_a \Lambda} = \frac{2}{2+\psi_d}\left(1 - \frac{1}{\Gamma_d}\frac{\sinh(\Gamma_d)}{\cosh(\Gamma_d)}\right) \tag{3.20}$$

Diese Gleichung ermöglicht die Beurteilung des Effektes infolge Schubverlustes. Analog ergibt sich für den Biegefall die Änderung der Neigung über die Länge des Aktuators zu

$$\frac{t_s}{2l_a \Lambda}\frac{dw}{dx} = \frac{6}{6+\psi_b}\left(1 - \frac{1}{\Gamma_d}\frac{\sinh(\Gamma_b)}{\cosh(\Gamma_b)}\right) \tag{3.21}$$

Die Gl. (3.20) und Gl. (3.21) ergeben für grosse Werte von Γ wieder die Resultate der verlustfreien Aktuation.

Die Annahmen und Herleitungen aufgeklebter Aktuatoren mit konstanter Dehnung für die schubstarre und schubweiche Klebeschicht wurden dargestellt. Die Resultate werden mit anderen Modellen später verglichen.

3.3 Das Bernoulli-Euler-Model

Im folgenden Abschnitt wird der Fall betrachtet, dass die Dehnungen gemäss der klassischen Theorie nach Bernoulli-Euler in die Struktur eingeleitet werden. Es wird dazu angenommen, dass über den ganzen Querschnitt Struktur *und* Aktuatoren für den Ausdehnungsfall eine konstante Dehnung, für den Biegefall jedoch eine über die Querschnittshöhe linear verlaufende Dehnung aufweisen. Es werden aufgeklebte und eingebettete Aktuatoren untersucht. Ferner wird der Einfluss einer Klebeschicht quantifiziert.

3.3.1 Eingebettete Aktuatoren

Zunächst wird die Annahme getroffen, dass die Aktuationsdehnung verlustfrei in die Struktur eingeleitet wird, d. h. es treten keine Schubverluste auf. Es wird berücksichtigt, dass die eingebetteten Aktuatoren infolge Ausschnitten eine lokale Steifigkeitsänderung verursachen.
Mit diesen Annahmen kann das Problem wie ein Balken behandelt werden, in den durch Thermaldehnungen innere Kräfte und Momente eingebracht werden. Thermaldehnungen stellen auch eine Art von Aktuationsdehnung dar. Die Geometrie eines Balkens mit eingebetteten Aktuatoren zeigt Bild 3.4.

Die Dehnungsverteilung gemäss der Bernoulli-Euler Theorie ist

$$\varepsilon = \varepsilon_0 - z\kappa \tag{3.22}$$

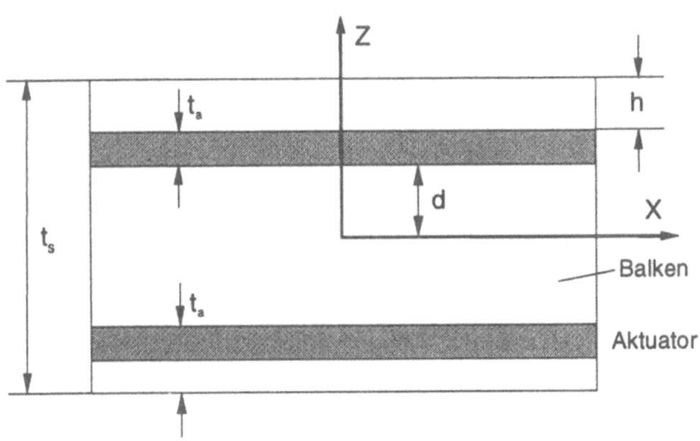

Bild 3.4. Geometrie des symmetrischen Balkens mit eingebetteten Aktuatoren

und das Materialgesetz

$$E(z)\varepsilon(z) = \sigma(z) + E(z)\Lambda(z) \tag{3.23}$$

Die Eigenschaften des Aktuators gelten im Bereich $d < |z| < d + t_a$. Einsetzen von Gl. (3.22) in Gl. (3.23) und Integration über z führt zu

$$(EA)_{total}\varepsilon_0 - (ES)_{total}\kappa = P_m + P_\Lambda \tag{3.24}$$

und in Bezug auf die Biegemomente

$$(ES)_{total}\varepsilon_0 - (EI)_{total}\kappa = M_m + M_\Lambda \tag{3.25}$$

Ferner gilt:

$$(EA)_{total} = \int_z E(z)b(z)dz \tag{3.26}$$

$$(ES)_{total} = \int_z E(z)b(z)z\,dz \tag{3.27}$$

$$(EI)_{total} = \int_z E(z)b(z)z^2\,dz \tag{3.28}$$

und

$$P_m = \int_z \sigma(z)dz \tag{3.29}$$

$$M_m = \int_z \sigma(z)z\,dz \tag{3.30}$$

als die mit den äusseren Kräfte und Momenten im Gleichgewicht stehenden Resultierenden. In den obigen Gleichungen bezeichnet S das statische Moment.

P_Λ und M_Λ sind die inneren Kräfte bzw. Momente, die durch die Aktuationsdehnung hervorgerufen werden.

$$P_\Lambda = \int_z E(z)\Lambda(z)b(z)dz \tag{3.31}$$

$$M_\Lambda = \int_z E(z)\Lambda(z)b(z)z\,dz \tag{3.32}$$

Die gesamte Deformationsenergie U kann geschrieben werden als

$$U=\frac{1}{2}\int_0^l\left(\begin{bmatrix}\varepsilon_0 & \kappa\end{bmatrix}\begin{bmatrix}EA & ES\\ ES & EI\end{bmatrix}\begin{bmatrix}\varepsilon_0\\ \kappa\end{bmatrix}-2\begin{bmatrix}P_\Lambda & M_\Lambda\end{bmatrix}\begin{bmatrix}\varepsilon_0\\ \kappa\end{bmatrix}\right)dx \tag{3.33}$$

Für den symmetrischen Rechteckquerschnitt und symmetrisch angeordneten Aktuatoren (bzgl. der neutralen Achse des Balkens) sind die Ausdehnung und Biegung entkoppelt. Die Lösung des reinen Dehnungsproblems ohne äussere Lasten ($P_m=M_m=0$) ergibt

$$(EA)_{total}=E_s(b_st_s-2b_at_a)+2E_ab_at_a \tag{3.34}$$

$$P_\Lambda=2E_ab_at_a\Lambda \tag{3.35}$$

mit der induzierten Dehnung

$$\varepsilon_0=\frac{2E_ab_at_a\Lambda}{E_s(b_st_s-2b_at_a)+2E_ab_at_a}=\frac{2\Lambda}{2+\psi_d} \tag{3.36}$$

und

$$\psi_d=\frac{(EA)_s}{(EA)_a}=\frac{E_s(b_st_s-2b_at_a)}{E_ab_at_a} \tag{3.37}$$

Mit denselben Annahmen ergibt sich die Lösung des Biegeproblems:

$$(EI)_{total}=E_s\left(\frac{b_st_s^3}{12}-2I_a\right)+2E_aI_a \tag{3.38}$$

$$I_a=A_a\left(d^2+dt_a+\frac{t_a^2}{3}\right) \tag{3.39}$$

$$M_\Lambda=-2(EA)_a\left(d+\frac{t_a}{2}\right)\Lambda \tag{3.40}$$

und die induzierte Dehnung

$$\varepsilon=-\kappa z=\frac{2(EA)_a\left(d+\frac{t_a}{2}\right)\Lambda}{E_s\left(\frac{b_st_s^3}{12}-2I_a\right)+2E_aI_a}z \tag{3.41}$$

Die induzierte Dehnung an einem beliebigen Ort kann durch Einsetzten der entsprechenden z-Koordinate berechnet werden.

3.3.2 Aufgeklebte Aktuatoren

Perfekt aufgeklebte Aktuatoren[1] stellen einen Sonderfall des Bernoulli-Euler-Modells dar. Für den Fall der reinen Ausdehnung folgt für die eingeleitete Dehnung

$$\varepsilon=\frac{2\Lambda}{2+\psi_d} \tag{3.42}$$

wobei

$$\psi_d=\frac{(EA)_s}{(EA)_a}=\frac{E_s b_s t_s}{E_a b_a t_a} \tag{3.43}$$

ist.

Diese Gleichungen sind identisch mit Gl. (3.15) und Gl. (3.16), die sich auf das Modell der konstanten Dehnung beziehen.

Aufgrund der geometrischen Verhältnisse ergibt sich für den Abstand der Aktuatorunterseite zur neutralen Achse

$$d=\frac{t_s}{2} \tag{3.44}$$

Der Zähler von Gl. (3.41) ändert sich, da kein Steifigkeitsverlust infolge des Ausschnittes in der Struktur vorliegt.

$$\varepsilon=-\kappa z=\frac{2(EA)_a\left(\frac{t_s}{2}+\frac{t_a}{2}\right)\Lambda}{E_s\left(\frac{b_s t_s^3}{12}\right)_s+2E_a I_a}z \tag{3.45}$$

Das Biegeträgheitsmoment eines aufgeklebten Aktuators berechnet sich zu

$$I_a=A_a\left(\frac{t_s^2}{4}+\frac{t_s t_a}{2}+\frac{t_a^2}{3}\right) \tag{3.46}$$

Einsetzen von Gl. (3.46) in Gl. (3.45) ergibt für die induzierte Dehnung

$$\varepsilon=-\kappa z=\frac{2(t_s+t_a)\Lambda}{\left(\frac{(EA)_s}{(EA)_a}+6\right)t_s^2+12t_s t_a+8t_a^2}z \tag{3.47}$$

Dieser Ausdruck kann noch weiter durch Einsetzen des Steifigkeitsverhältnisses Ψ_b und des Dickenverhältnisses T vereinfacht werden.

[1] Mit schubstarrer Klebeschicht.

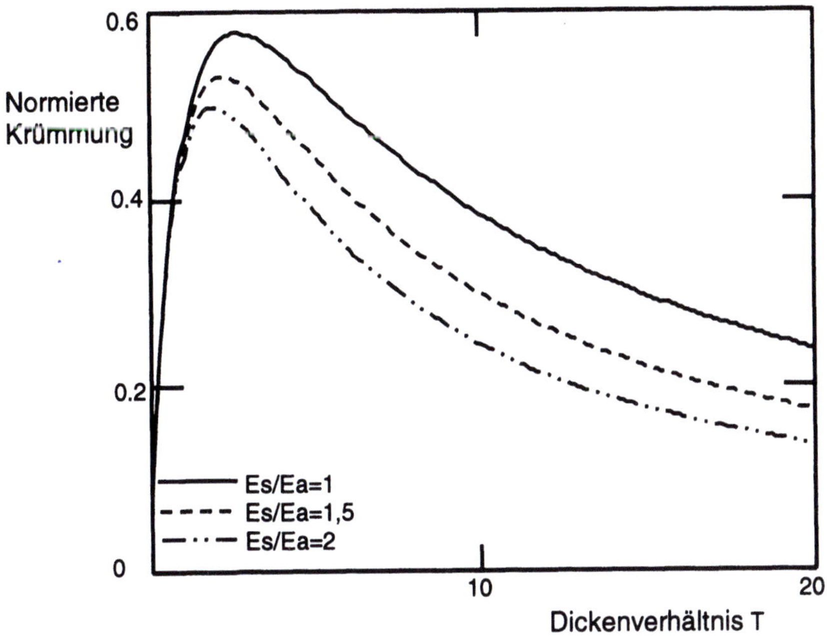

Bild 3.5. Normierte induzierte Krümmungen des Bernoulli-Euler Modells

$$\varepsilon = -\kappa z = \frac{6\left(1+\frac{1}{T}\right)\Lambda\left(\frac{2}{t_s}\right)z}{\left(6+\psi_b\right)+\frac{12}{T}+\frac{8}{T^2}} \tag{3.48}$$

Die Ähnlichkeit der Lösungen bezüglich der induzierten Krümmung mit dem Modell der konstanten Dehnungsverteilung (Gl. (3.14)) ist offensichtlich. Gl. (3.48) beinhaltet jedoch zusätzliche Terme aufgrund der Biegung in den Aktuatoren. Diese Terme sind umgekehrt proportional zum Dickenverhältnis T. Sie werden signifikant, wenn das Dickenverhältnis sich Null nähert, und verlieren umgekehrt an Einfluss, wenn die Struktur sehr viel dicker als die Aktuatoren ist. Bild 3.5 zeigt die Dehnung an der Oberfläche der Struktur für unterschiedliche Steifigkeits- und Dickenverhältnisse unter der Annahme, dass Struktur und Aktuatoren gleich breit sind.

3.3.3. Berücksichtigung der Klebeschicht

Für den Fall der reinen Ausdehnung, d. h. beide Aktuatoren werden mit derselben Spannung angesteuert, ergibt sich kein Unterschied verglichen mit dem Modell der konstanten Dehnungsverteilung. Es gelten für diesen Fall die Gl. (3.17) bzw. Gl. (3.18).

Im Biegefall wird vorausgesetzt, dass die Klebeschicht keinen Anteil an der Gesamtbiegesteifigkeit hat. Ferner wird sie als so dünn angenommen, dass sie den Abstand der Aktuatoren von der neutralen Achse des Balkens nicht ändert. Sie liefert nur einen zusätzlichen Dehnungsanteil zusätzlich zum Aktuator.

Mit diesen Annahmen ergibt sich die Dehnung des Aktuators und der Struktur zu

$$\frac{\varepsilon_a}{\Lambda}=\left(\frac{12}{t_s}+\Psi_b\frac{\cosh(\Gamma_b\bar{x})}{\cosh(\Gamma_b)}\right)\frac{1+1/T}{6+\psi_b+12/T+8/T^2}\left(1-\frac{\cosh(\Gamma_b\bar{x})}{\cosh(\Gamma_b)}\right) \tag{3.49}$$

$$\frac{\varepsilon_s}{\Lambda}=\frac{-z\kappa}{\Lambda}=\frac{12}{t_s}\frac{(1+1/T)^2}{6+\psi_b+12/T+8/T^2}\left(1-\frac{\cosh(\Gamma_b\bar{x})}{\cosh(\Gamma_b)}\right) \tag{3.50}$$

wobei der Schubfaktor

$$\Gamma^2=\frac{\left(\frac{G^{Kl}}{E_a}\frac{t^{Kl}}{t_a}\right)}{\left(\frac{t^{Kl}}{l_a}\right)^2}\left(\frac{6+\Psi_d+12/T+8/T^2}{\Psi_d(1+1/T)}\right) \tag{3.51}$$

ist.

Damit sind die Gleichungen des Bernoulli-Euler-Modells für die reine Ausdehnung und Biegung hergeleitet. Dies wurde für auf die Struktur aufgeklebte und in die Struktur eingebettete Aktuatoren durchgeführt. Ferner wird der Einfluss einer Klebeschicht zwischen Struktur und Aktuatoren mitberücksichtigt.

3.4 Modellierung mit Hilfe der finiten Elemente Methode

Die Berechnung der Deformationen infolge induzierter Dehnung lässt sich ebenfalls mit der Methode der finiten Elemente durchführen.

Dabei kann die Analogie der Wärmedehnung zur Simulation der Dehnungen einer Piezokeramik ausgenutzt werden.

$$\begin{aligned} \varepsilon_{ij} &= \alpha_{ij}\,\Delta T \\ \Lambda_{kl} &= d_{kl}\,V/t \end{aligned} \tag{3.52}$$

Rechentechnisch bedeutet dies, dass die Wärmeausdehnungskoeffizienten α_{ij} als Materialkenngrösse durch die piezoelektrische Ladungskonstanten d_{kl} und die Temperaturdifferenz ΔT durch die elektrische Feldstärke $E=V/t$ ausgetauscht werden. Somit können die Deformationen infolge induzierter Dehnungen berechnet werden.

Es wurden verschiedene Modelle generiert, mit denen die Interaktion aufgeklebter Aktuatoren und Struktur mit und ohne der Berücksichtigung einer Klebeschicht untersucht werden können. Ausserdem kann die Schubdeformation von Aktuator und Struktur analysiert werden. Ein Plot eines typischen Modells ist in Bild 3.6 dargestellt.

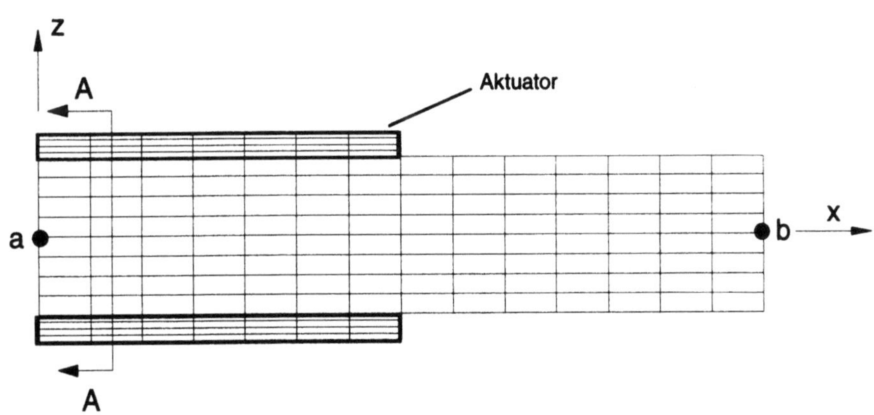

Bild 3.6. Typisches Finite Elemente Modell der Balkenstruktur mit aufgeklebten Aktuatoren

Aus Symmetriegründen reicht es aus, nur die halbe Struktur zu idealisieren. Es wurden isoparametrische, quadratische Scheibenelemente verwendet. Für die Aktuatoren wurden jeweils 4 Elemente in Dicken- und 10 Elemente in Längenrichtung verwendet.

Mit diesem Modell kann der Ausdehnungs- und Biegefall analysiert werden. Als Material der Balkenstruktur wurde Isotropes CFK-Laminat angenommen. Für die Aktuatoren wurden die Materialkennwerte der Piezokeramik PEX5 eingesetzt. Die Richtungsabhängigkeit der Materialkennwerte der Piezokeramik wurden entsprechend berücksichtigt.

3.5 Vergleich der Modelle

Es wurden analytische Modelle basierend auf unterschiedlichen Annahmen hergeleitet. Gegenstand der folgenden Betrachtungen soll es sein, die Genauigkeit und damit die Grenzen der Anwendbarkeit dieser Modelle im Vergleich mit dem FE-Modell zu ermitteln.

Der Vergleich der Modelle mit aufgeklebten Aktuatoren bezieht sich zunächst auf die Wirksamkeit der Dehnungseinleitung, d. h. es wird die Struktur induzierte Dehnung betrachtet. Damit ist eine grundsätzliche Bewertung der Wirksamkeit der Aktuatoren möglich, da der Randeinfluss am Ende der Aktuatoren nicht zum Tragen kommt. Es wird deshalb eine perfekte Verklebung angenommen.

Dann wird der Einfluss einer endlichen Klebeschichtdicke zwischen Struktur und Aktuatoren untersucht. Die Dehnungsverteilung in Längsrichtung soll die Verluste infolge der Schubdeformation in der Klebeschicht aufzeigen. Daraus resultiert auch eine Reduktion bezüglich der tatsächlichen Verformung bzw. Krümmung.

Schliesslich wird der Einfluss der Schubdeformation von Struktur und Aktuatoren beleuchtet. Auch hier soll die Abnahme der effektiven Deformation infolge Schubeinflusses betrachtet werden. Die analytischen Modelle werden hierzu mit dem FE-Modell verglichen.

3.5.1 Ergebnisse zur induzierten Dehnung

Der Betrag der in die Struktur induzierbaren Dehnung ist einer der wichtigsten Gesichtspunkte bei aktiven Funktionsbauweisen. Die wesentlichen Annahmen hinsichtlich der Dehnungsverteilung ohne Berücksichtigung des Schubeinflusses wurden in Bild 3.1 schematisch dargestellt. Im Fall der reinen Ausdehnung bei perfekt verklebten Aktuatoren sind die Gleichungen zur induzierten Dehnung für die analytischen Modelle[1] gleich:

$$\varepsilon^{KD} = \varepsilon^{BE} = \frac{2\Lambda}{2+\psi_d} \tag{3.53}$$

In Bild 3.7 sind die Ergebnisse des analytischen Modells aus Gl. (3.53) und des FE-Modells zusammengefasst. Es wird das Verhältnis von induzierter Dehnung ε zur Aktuationsdehnung Λ als Funktion des Dickenverhältnisses T aufgetragen. Das Steifigkeitsverhältnis wird mit $E_s/E_a=1.1$ konstant gehalten.

[1] Hochgestellte Indizes: KD=konstante Dehnung; BE=Bernouilli-Euler.

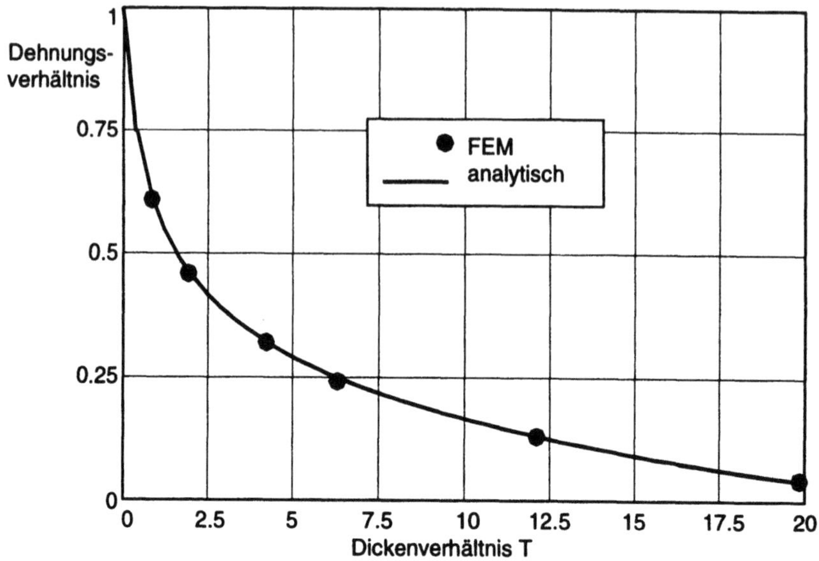

Bild 3.7. Vergleich der induzierten Dehnung bei reiner Ausdehnung - Analytisches und FE-Modell

Die Breite der Aktuatoren und Struktur ist gleich gross, das Dickenverhältnis wird im Bereich $0 < T < 20$ variiert. Die Ergebnisse des FE-Modells sind auf die Dehnungswerte im Schnitt A-A bezogen (siehe Bild 3.6). Beide Modellierungen weichen nur ganz unwesentlich, d. h. um ca. 0.1% voneinander ab.

Die berechnete induzierte Dehnung hängt beim Bernoulli-Euler-Model vom Steifigkeitsverhältnis Ψ_b und vom Dickenverhältnis T ab, wie aus Gl. (3.59) hervorgeht. Der Term 1/T im Zähler stellt einen zusätzlichen Hebelarm von der Strukturoberfläche zur Mittelfläche des Aktuators dar.

Die zusätzlichen Terme im Nenner sind auf die Eigenbiegesteifigkeit der Aktuatoren zurückzuführen. Zum Vergleich der Modelle wird wieder die identischen Breite von Aktuatoren und Struktur angenommen.

Sind die Materialeigenschaften von Struktur und Aktuatoren definiert (d. h. E_s, E_a), bestimmt nur noch das Dickenverhältnis T die erreichbare Dehnung. Mit der bereits erwähnten Materialkombination ($E_s/E_a = 1.1$) kann wiederum der Vergleich der Modelle durchgeführt werden (Bild 3.8).

Die Abweichungen zwischen der FE-Analyse umd dem konsistenten Model sind wieder nur ca. 0.1% über den gesamten Bereich von T. Für grosse Werte des Dickenverhältnisses liefern die Modelle die gleichen Ergebnisse. Das Modell der konstanten Dehnung weicht jedoch auch für grosse Werte von T noch um ca. -3% ab. Im Falle der sehr kleinen Dickenverhältnisse wird die Unbrauchbarkeit des Modells der konstanten Dehnungsverteilung offensichtlich. Für grössere Steifigkeitsverhältnisse nähert es sich den Ergebnissen der anderen Modelle bleibt jedoch noch immer ungenau.

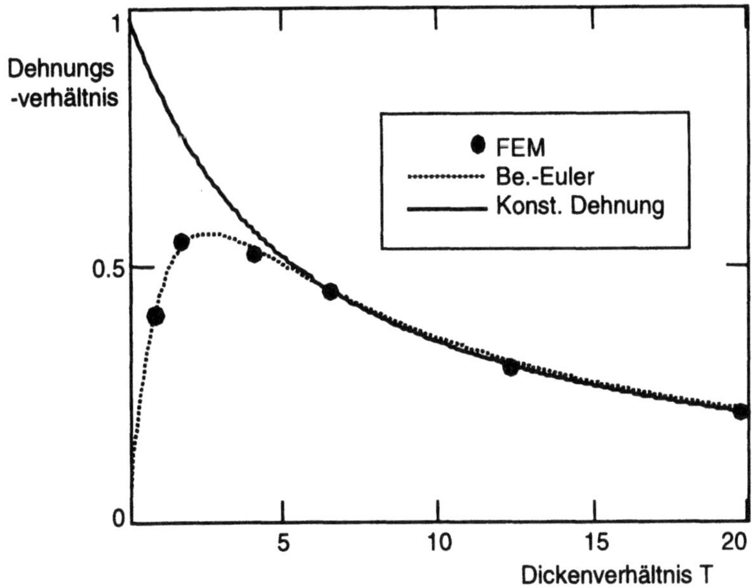

Bild 3.8. Vergleich der induzierten Dehnung im Biegefall

Zusammenfassend lässt sich feststellen, dass das Modell, basierend auf der Theorie nach Bernoulli-Euler, im Bereich der praktischen Anwendungen eine zuverlässige Vorhersage der Dehnung ermöglicht.

3.5.2 Der Einfluss der Klebeschicht

Eine Klebeschicht vermindert aufgrund der damit verbundenen Schubdeformation immer die Wirksamkeit der aufgeklebten Aktuatoren. Der Fall der reinen Ausdehnung illustriert sehr anschaulich den Einfluss der Klebeschicht und wird deshalb im folgenden weiter betrachtet.

In Abschnitt 3.1 bzw. 3.2 sind die Gleichungen der induzierten Dehnungen unter Berücksichtigung einer Klebschicht für die analytischen Modelle angegeben.

Von besonderer Bedeutung ist dabei der Schubparameter Γ. Für grosse Werte von Γ werden die Dehnungen der perfekten Verklebung, d. h. ohne Schubeinfluss der Klebeschicht erreicht. Dieser Parameter wird mit zunehmender Aktuatorlänge, abnehmender Klebeschichtdicke und steigendem Schubmodul der Klebeschicht grösser. Anderseits verringert ein steiferer Aktuator (grössere E_a, t_a) oder eine steifere Struktur (grössere E_s, t_s) den Wert von Γ.

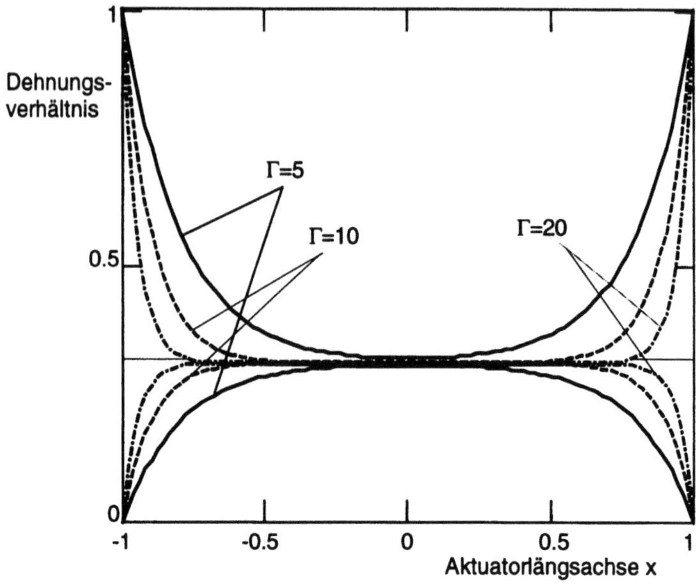

Bild 3.9. Induzierte Dehnung bei reiner Ausdehnung und Klebeschichteinfluss

Bild 3.9 zeigt die Dehnung in der Struktur und im Aktuator bezogen auf die freie Aktuationsdehnung. Die Materialkombination ist unverändert ein isotropes CFK-Laminat mit PEX5 Keramiken, das Dickenverhältnis ist T=4. Für den Schubparameter Γ wurden drei verschiedene Werte angenommen. Die oberen drei Kurven beziehen sich auf die Dehnung im Aktuator, die drei unteren auf die in der Struktur. Bei einer perfekten Verklebung wird für die normierte Dehnung in der Struktur und im Aktuator ein konstanter Betrag von 0.31 über die ganze Länge berechnet. In der Mitte des Aktuators bei x=0 sind die Dehnungswerte von Struktur und Aktuator nahezu gleich gross. Die Dehnungsverläufe der Struktur zeigen deutlich die Reduktion der Dehnung in der Nähe des Aktuatorrandes, während der Aktuator dort den Betrag der freien Aktuationsdehnung erreicht. Damit ist der Einfluss der Klebeschicht offensichtlich.

Die Integration der Strukturdehnungen über die gesamte Aktuatorlänge ergibt die induzierten Verschiebungen. Werden diese auf die Verschiebungen der perfekten Verklebung bezogen, erhält man das normierte Verschiebungsverhältnis (Bild 3.10). Es wird deutlich, dass für grosse Werte von Γ der Einfluss der Klebeschicht minimal wird.

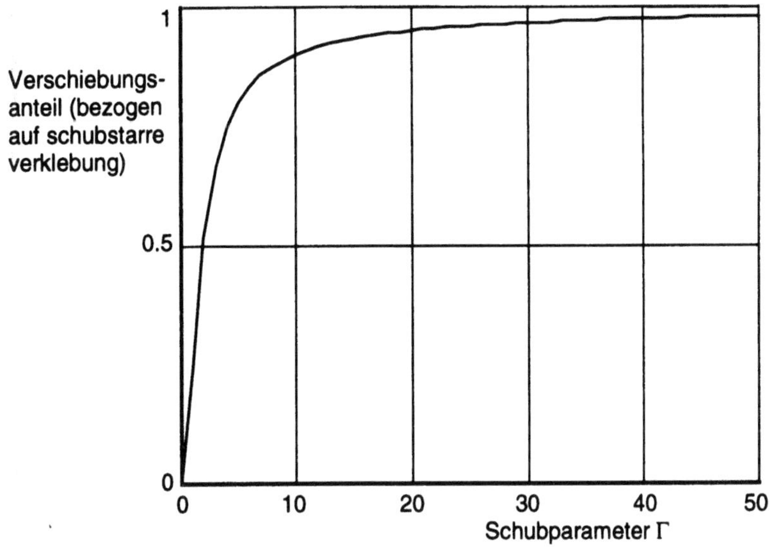

Bild 3.10. Normiertes Verschiebungsverhältnis als Funktion des Schubparameters

Ein ähnliches Ergebnis ergibt sich für den Biegefall. 95% der verlustfreien Verschiebung und 90% der verlustfreien Deformationsenergie können für Schubwerte $\Gamma \approx 20$ erreicht werden.

3.5.3 Der Einfluss der Schubdeformation in den Aktuatoren und in der Struktur

Schubdeformationen in der Struktur und in den Aktuatoren verringern ebenfalls den Betrag der induzierbaren Dehnung. Diesem Einfluss wurde in den analytischen Modellen nicht Rechnung getragen, wohingegen dieser Effekt beim Finite Elemente Modell implizit mitberücksichtigt wird. Allerdings werden die folgenden Betrachtungen auf eine schubstarre Klebeschicht beschränkt. In Bild 3.10 wird der Plot der deformierten Struktur im Fall der reinen Ausdehnung in der Nähe des Aktuatorrandes dargestellt.

Die Schubdeformation ist offensichtlich, insbesondere in der Nähe des Aktuatorrandes. Dort dehnt sich der Aktuator mehr als die Struktur. Die Schubdeformation reduziert den Dehnungsanteil in x-Richtung.

In Bild 3.11 ist für den Fall der reinen Ausdehnung das Dehnungsverhältnis (in die Struktur induzierte Dehnung/ vom Aktuator erzeugte Aktuationsdehnung) als Funktion der Position x/t_a aufgetragen. Am Rand des Aktuators (x/t_a=0) deformiert sich der Aktuator an seiner freien Oberfläche mit der Aktuationsdehnung Λ. Weiter entfernt von dieser Stelle nähert sich die Dehnung dem Wert der Dehnung bei perfekter Verklebung (Gl. (3.15)).

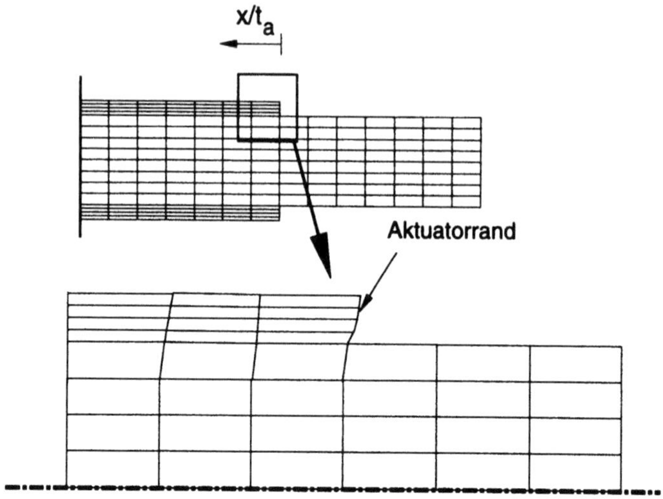

Bild 3.11. Deformierte Struktur bei reiner Ausdehnung infolge induzierter Dehnung

In Balkenmitte tritt die Dehnung bereits vor dem Aktuator auf und erreicht auch den Wert der analytisch berechneten Dehnung nach einigen Aktuatordicken. Die Kurven für den Biegefall verlaufen sehr ähnlich und werden deshalb hier nicht gezeigt.

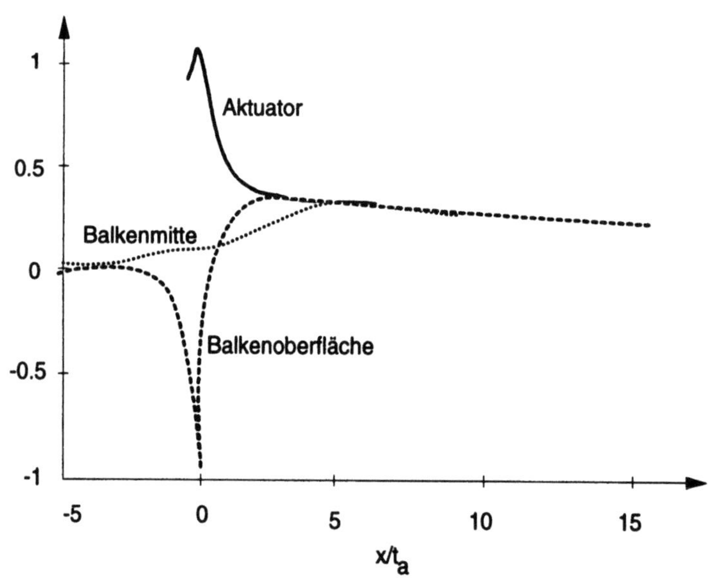

Bild 3.11. Dehnungen im Aktuator und der Struktur - reine Ausdehnung

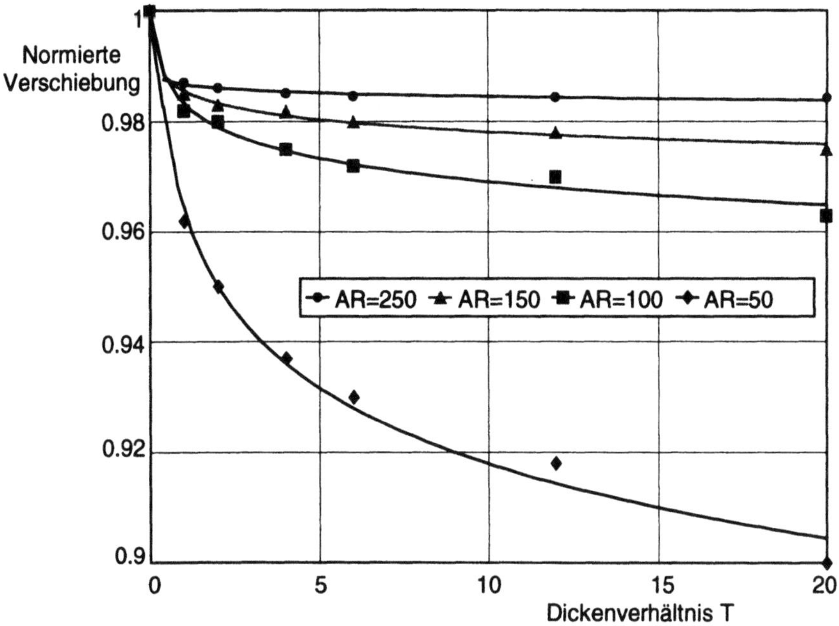

Bild 3.12. Normierte induzierte Verschiebung als Funktion des Dickenverhältnisses und Aktuatorlängen

Bild 3.12 zeigt die normierte induzierte Verschiebung für den Ausdehnungsfall in Abhängigkeit des Dickenverhältnisses T und der Aktuatorlänge $AR=l_a/t_a$. Normiert wurde auf die Verschiebung ohne Schubeinfluss. Es ist ersichtlich, dass der Schubeinfluss bei grossen Dickenverhältnissen und kurzen Balken zunimmt. Für reale Anwendungen (T=10, AR=200) ist der Einfluss jedoch nahezu vernachlässigbar. Die Ergebnisse des Biegefalls ähneln wiederum sehr den dargestellten.

Zusammenfassend kann festgehalten werden, dass alle Modelle im Fall der reinen Ausdehnung die gleiche Dehnung weit entfernt vom Aktuatorrand vorhersagen. Im Biegefall stimmen das Bernoulli-Euler-Modell und das FE-Modell sehr gut überein, während das Modell der konstanten Dehnung zu grosse Werte für die Krümmung dünner Balken angibt.

Aufgeklebte Aktuatoren mit einer endlichen Klebeschichtdicke erreichen ca. 95% der Verformung bezogen auf die perfekte Verklebung, vorausgesetzt, dass für den Schubparameter $\Gamma<20$ gilt. Für realistische Verhältnisse wird trotz Berücksichtigung der Schubdeformation von Struktur und Aktuator nur mit einer Abnahme der Verformung von ca. 5% zu rechnen sein. Daraus ist die Schlussfolgerung zu ziehen, dass das Bernoulli-Euler-Model ohne Klebeschichteinfluss für Auslegungsrechnungen genügend genau ist.

3.6 Effektivität der induzierten Dehnungsaktuation

Ziel der nun anschliessenden Betrachtungen soll es sein, eine Beurteilungsgrundlage bezüglich der Effektivität unterschiedlicher Aktuator/Strukturkombinationen zu schaffen. Die induzierte Deformationsenergie kann als allgemeiner Beurteilungsmassstab dienen.

Die maximale Deformationsenergie, die vom Aktuator in die Struktur eingeleitet werden kann, hängt vom relativen Steifigkeitsverhältnis der Werkstoffe und der Geometrie ab. Die in die Struktur eingeleitete Gesamtverformung wurde im vorherigen Abschnitt als Mass für die Effektivität genutzt. Sie wird auch in diesem Abschnitt zur Bestimmung des relativen Güte zwischen aufgeklebten und eingebetteten Aktuatoren sein.

3.6.1 Übertragung der Deformationsenergie

Die Effektivität bezüglich der Übertragung von Deformationsenergie ist ein geeignetes Beurteilungsmass. Bei der Schwingungskontrolle ist beispielsweise die Gesamtenergie des Systems zu minimieren.

Die Effektivität der Deformationsenergieübertragung ist definiert als

$$\eta = \frac{\text{in die Struktur induzierte Deformationsenergie}}{\text{maximal vorhandene Energie in der Struktur}}$$

Die in die Struktur durch Aktuatoren eingeleitete Deformationsenergie ist im Ausdehnungsfall

$$U_s = \frac{1}{2}\int_s \sigma_s(x)\varepsilon_s(x)dV_s \tag{3.54}$$

und mit Gl. (3.15)

$$U_s = 2(EA)_s l \frac{\Lambda^2}{\left(2+\psi_d^2\right)} \tag{3.55}$$

wobei l die Länge des Aktuators bezeichnet.

Die maximale erreichbare Energie liegt vor, wenn die ganze Aktuationsdehnung umgesetzt werden kann.

$$U_{max} = 2\left(\frac{1}{2}\int_S (EA)_s \Lambda \, dV_s\right) = (EA)_a l \Lambda^2 \tag{3.56}$$

wobei der Faktor 2 wegen der Berücksichtigung beider Aktuatoren auftritt. Durch Division von Gl. (3.55) durch Gl. (3.56) folgt für die Effektivität η

$$\eta_d = \frac{2\psi_d}{(2+\psi_d)^2} \tag{3.57}$$

Bild 3.13 zeigt die Effektivität in Abhängigkeit des Steifigkeitsverhältnisses ψ_d . Im Fall der schubstarren Verklebung wird bei einem Steifigkeitsverhältnis von 2 der maximale Deformationsenergietransfer erzielt. Für kleinere Steifigkeitsverhältnisse fällt dieser Wert stärker als für grössere. Beispielsweise im Fall von PVDF-Filmen mit einem kleinem Elastizitätsmodul und demnach einem grossem Steifigkeitsverhältnis ψ_d kann nur verhältnismässig wenig Deformationsenergie übertragen werden.

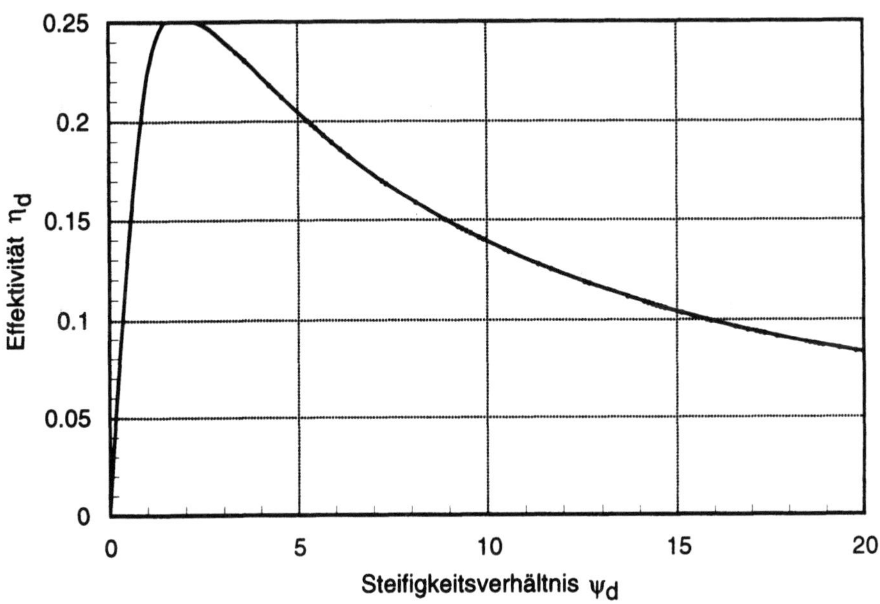

Bild 3.13. Effektivität bzgl. Deformationsenergieübertragung bei aufgeklebten Aktuatoren - Ausdehnungsfall

Für den Biegefall ergibt sich entsprechend für die Effektivität η_b

(3.58)

mit ψ_b aus Gl. (3.10).

Bild 3.14 veranschaulicht die Effektivität der Deformationsenergieübertragung für den Biegefall. Hier ist als weiterer Parameter das Verhältnis der Elastizitätsmoduli E_s/E_a mitberücksichtigt worden. Man erkennt, dass bei kleinen Dickenverhälnissen erst für grosse Werte von ψ_b ein genügender Transfer von Deformationsenergie vorliegt. Grundsätzlich lässt sich feststellen, dass für kleine Steifigkeitsverhältnisse, bei denen die maximale Krümmung induziert wird, die Effektivität stark reduziert ist.

Es zeigt sich, dass mit Hilfe der analytischen Modelle auf recht einfache Weise wertvolle Aussagen über die Effektivität der Aktuatoren gemacht werden können.

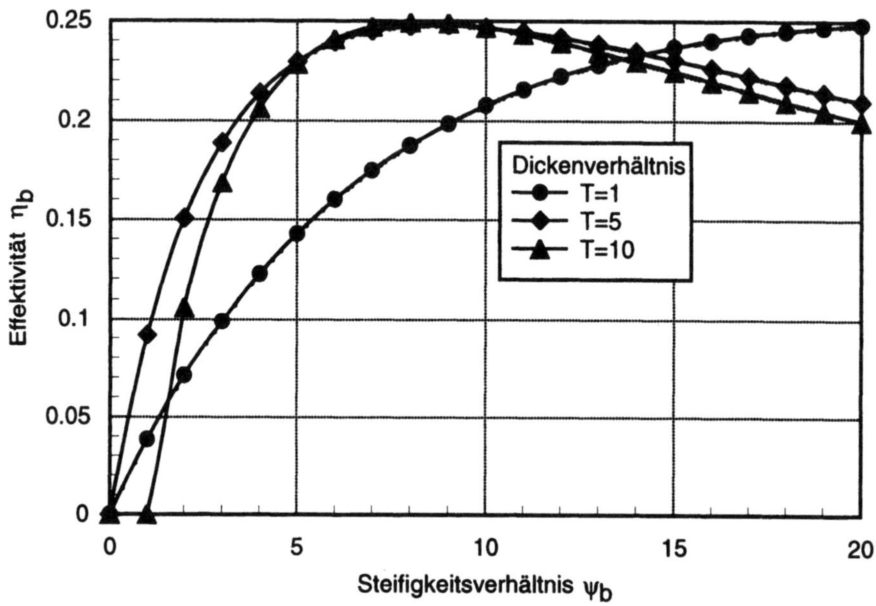

Bild 3.14. Effektivität des Deformationsenergietransfers im Biegefall

3.6.2 Vergleich zwischen eingebetteten und aufgeklebten Aktuatoren

Für Applikationen wie die statische Verformungskontrolle ist es in der Regel immer erwünscht, die maximal mögliche Deformation in die Struktur zu induzieren, ohne dabei auf die Effektivität des Energietransfers zu achten.

Anhand folgenden Vergleiche sollen Richtwerte bestimmt werden, wann eine Einbettung der Aktuatoren dem Aufkleben vorzuziehen ist. Unter der Annahme, dass der Balken einen Rechteckquerschnitt hat, aus nur einem Material besteht und zwei Aktuatoren im gleichen Abstand von der neutralen Achse angeordnet sind, berchnet sich die induzierte Krümmung bei aufgeklebten Aktuatoren

$$\varepsilon = -\kappa z = \frac{6\left(1+\frac{1}{T}\right)\Lambda\left(\frac{2}{t_s}\right)z}{(6+\psi_b)+\frac{12}{T}+\frac{8}{T^2}} \tag{3.59}$$

und für eingebettete

$$\varepsilon = -\kappa z = \frac{2(EA)_a\left(d+\frac{t_a}{2}\right)\Lambda}{E_s\left(\frac{b_s t_s^3}{12}-2I_a\right)+2E_a I_a} z \tag{3.60}$$

Die Lage der eingebetteten Aktuatoren kann mit Hilfe der geometrischen Grösse h beschrieben werden (siehe Bild 3.4).

$$h = \frac{t_s}{2} - d - t_a \tag{3.61}$$

oder ins Verhältnis gesetzt mit der Gesamtdicke der Struktur

$$H = \frac{h}{t_s} = \frac{1}{2} - \frac{d}{t_s} - \frac{1}{T} \tag{3.62}$$

Nach Umformen kann damit die Krümmung mit eingebetteten Aktuatoren geschrieben werden als

$$\kappa = -\frac{6}{T}\left(1-\frac{1}{T}-2H\right)\Lambda\left(\frac{2}{t_s}\right) \tag{3.63}$$

Wird Gl. (3.63) mit Hilfe von Gl. (3.59) normiert, ergibt sich das Krümmungsverhältnis von eingebetteten zu aufgeklebten Aktuatoren. Dies ist für verschiedene Einbettungstiefen H als Funktion des Dickenverhältnisses T in Bild 3.15 aufgetragen. Bei H=0 befinden sich die Aktuatoren an der Oberfläche der Struktur, bei

$H = 1/2 - 1/T$ berühren sie sich gerade in der neutralen Achse. Mit zunehmender Einbettungstiefe wird die Krümmung kleiner (Bild 3.15).

Steigt das Dickenverhältnis T, nimmt die Krümmung bei allen Konfigurationen ab. Es wird mehr Biegedeformationen von einem Aktuator in die Struktur eingeleitet, der gerade unter der Oberfläche eingebettet ist als von einem aufgeklebten. Die physikalische Begründung dafür ist, dass die Biegesteifikeit quadratisch, das (Aktuations-)Biegemoment linear zunehmen, je weiter der Aktuator von der neutralen Achse entfernt wird. Zusätzlich wird die Steifigkeit erhöht, wenn der Ausschnitt wieder mit Strukturmaterial gefüllt wird

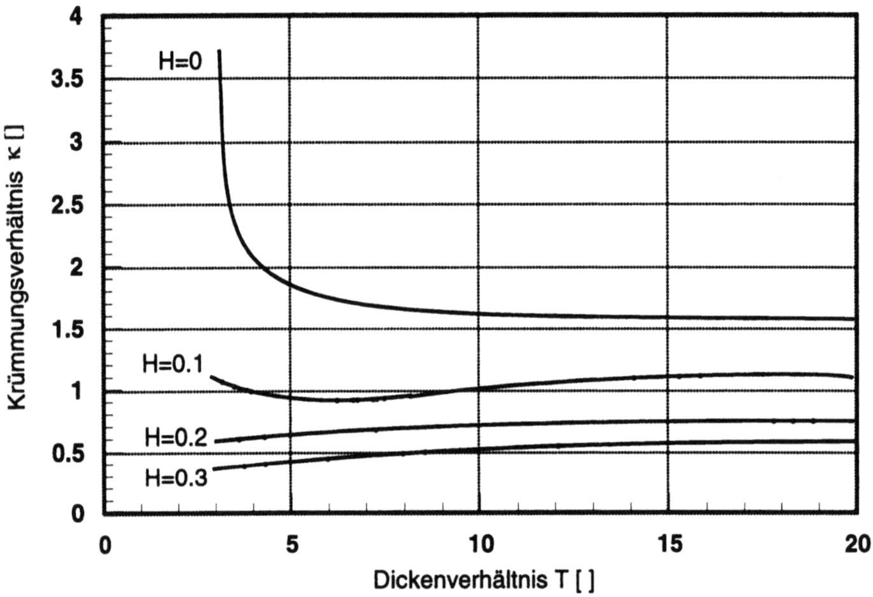

Bild 3.15. Vergleich der induzierten Krümmung aufgeklebter und eingebetter Aktuatoren

3.7 Die Theorie dünner Laminate mit integrierten Aktuatoren

Bevor die Gleichungen der Platte mit integrierten Aktuatoren dargestellt werden, soll zunächst die "Theorie dünner Platten" kurz zusammengefasst werden. Die Geometrie der Platte, die entweder als homogen oder als geschichtetes Laminat betrachtet werden kann, zeigt Bild 3.16.

Die wesentliche Annahme ist eine sehr viel geringere Dicke t der Platte verglichen mit den anderen Dimensionen (L, C). Deshalb können Normalspannungen in z-Richtung σ_z im Vergleich zu Membran- und Biegespannungen in x- und y-Richtung vernachlässigt werden. Ferner wird angenommen, dass die Querschnitte auch im deformierten Zustand eben bleiben und senkrecht auf der Mittelebene stehen. Damit können keine Schubspannungen γ_{xz} und γ_{yz} auftreten. Aufgrund dieser Annahmen befindet sich die deformierte Platte in einem ebenen Spannungszustand. Die Deformationen werden als so klein betrachtet, dass die lineare Elastizität zugrunde gelegt werden kann.

Die dünne Plattentheorie verlangt weiterhin, dass alle Deformationen in z-Richtung, d.h. aus der Plattenebene heraus, nur eine Funktion der Längs- (x) und der Querkoordinate (y) sind.

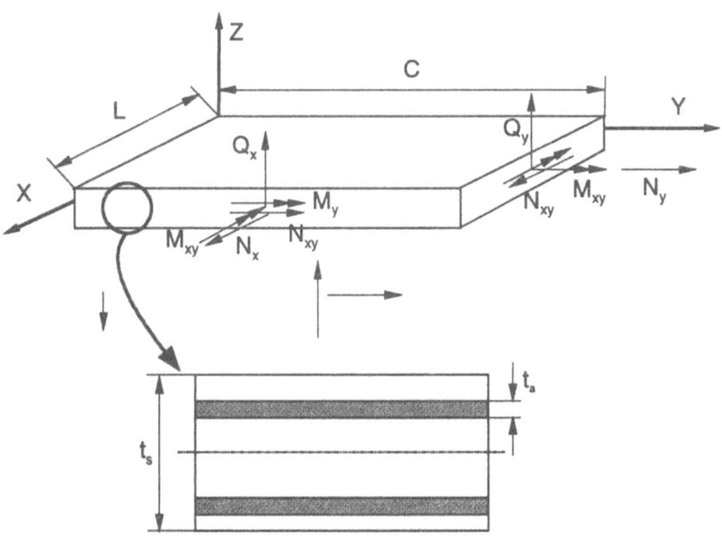

Bild 3.16. Geometrie der Platte, Koordinatensystem und Vorzeichenkonvention

Deshalb können alle Biegedehnungen, Krümmungen und Membrandehnungen vollständig durch die Ableitungen nach diesen Koordinaten ausgedrückt werden. Die Aktuatoren können sowohl integriert als auch aufgeklebt sein. Zunächst wird angenommen, dass die Platte (Struktur) und die Aktuatoren nicht durch äussere Lasten beansprucht sind.

Die gesamte Dehnung der Platte setzt sich aus der Dehnung ε^0 in der Mittelebene und einem Anteil infolge Krümmung κ zusammen:

$$\varepsilon = \varepsilon^0 + z\kappa \tag{3.64}$$

mit

$$\varepsilon^0 = \begin{Bmatrix} \varepsilon_x^0 \\ \varepsilon_y^0 \\ \gamma_{xy}^0 \end{Bmatrix} = \begin{Bmatrix} \dfrac{\partial u}{\partial x} \\ \dfrac{\partial v}{\partial y} \\ \dfrac{\partial u}{\partial y} + \dfrac{\partial v}{\partial x} \end{Bmatrix} \tag{3.65}$$

$$\kappa = \begin{Bmatrix} \kappa_x \\ \kappa_y \\ \kappa_{xy} \end{Bmatrix} = \begin{Bmatrix} -\dfrac{\partial^2 w}{\partial x^2} \\ -\dfrac{\partial^2 w}{\partial y^2} \\ -2\dfrac{\partial^2 w}{\partial x \partial y} \end{Bmatrix} \tag{3.66}$$

Der allgemeine Zusammenhang zwischen den Lasten und den Deformationen (Kraft-/ Verschiebungsrelation) der Platte mit Aktuationsdehnungen ist

$$\begin{Bmatrix} \mathbf{N} \\ \mathbf{M} \end{Bmatrix} = \begin{bmatrix} \mathbf{A} & \mathbf{B} \\ \mathbf{B} & \mathbf{D} \end{bmatrix} \begin{Bmatrix} e^0 \\ k \end{Bmatrix} - \begin{Bmatrix} \mathbf{N}_\Lambda \\ \mathbf{M}_\Lambda \end{Bmatrix} \tag{3.67}$$

wobei

$$A = \int_z Q(z)dz \quad B = \int_z Q(z)zdz \quad D = \int_z Q(z)z^2dz \tag{3.68}$$

und die inneren Spannungsresultanten infolge der Aktuationsdehnung Λ

$$N_\Lambda = \int_z Q(z)\Lambda(z)dz \quad M_\Lambda = \int_z Q(z)\Lambda(z)zdz \tag{3.69}$$

Liegt keine mechanische Belastung vor, folgt aus Gl. (3.67)

$$\begin{Bmatrix} e^0 \\ k \end{Bmatrix} = \begin{bmatrix} \mathbf{A} & \mathbf{B} \\ \mathbf{B} & \mathbf{D} \end{bmatrix}^{-1} \begin{Bmatrix} \mathbf{N}_\Lambda \\ \mathbf{M}_\Lambda \end{Bmatrix} \tag{3.70}$$

Aus Gl. (3.70) wird klar, dass bei unsymmetrischen Laminataufbauten die Koppelsteifigkeitsmatrix besetzt ist ($\mathbf{B} \neq 0$). Eine Ausdehnung und Scherung kann dann über ein Aktuationsmoment M_Λ eingeleitet werden. Eine Biegung oder Drillung kann durch eine Aktuationskraft N_Λ am Laminat hervorgerufen werden.

Bei einem symmetrischen, jedoch orthotropen Laminataufbau kann ferner die Dehn-/Scherkopplung $(A_{16} \neq 0, A_{26} \neq 0)$ oder die Biege-/Drillkopplung $(D_{16} \neq 0, D_{26} \neq 0)$ ausgenutzt werden. Auf diese Weise können mit Hilfe isotroper Aktuatoren, die selbst keine Schubkomponente haben, Schub oder Verdrillung am Laminat erzeugt werden.

3.7.1 Ergebnisse zur isotropen Platte

Um die Balken- und Plattenmodelle miteinander vergleichen zu können, wird zunächst die isotrope Platte mit zur Mittelebene symmetrisch angeordneten Aktuatoren betrachtet.

Der Ausdehnungsfall ergibt für die Dehnung in der Mittelebene aus Gl. (3.70)

$$\varepsilon^0 = \mathbf{A}^{-1}\mathbf{N}_\Lambda \tag{3.71}$$

Die gesamte Dehnsteifigkeit ist

$$\mathbf{A} = \mathbf{A}_a + \mathbf{A}_s \tag{3.72}$$

$$\mathbf{A}_s = \frac{E_s t_S}{1-\nu_S^2} \begin{bmatrix} 1 & \nu_s & 0 \\ \nu_s & 1 & \\ 0 & 0 & \dfrac{1-\nu_s}{2} \end{bmatrix} \tag{3.73}$$

und $\mathbf{A}_a$ entsprechend. Haben Struktur und Aktuatoren identische Querkontraktionszahlen, vereinfacht sich Gl. (3.72).

$$\mathbf{A} = \frac{E_s(t_S - 2t_a) + E_a t_a}{1-\nu^2} \begin{bmatrix} 1 & \nu & 0 \\ \nu & 1 & \\ 0 & 0 & \dfrac{1-\nu}{2} \end{bmatrix} \tag{3.74}$$

Die Resultante der Aktuationskraft[1] ist

[1] Dimension: Kraft pro Längeneinheit.

$$\mathbf{N}_\Lambda = \frac{2E_a t_a}{1-\nu^2}\begin{bmatrix} 1 & \nu & 0 \\ \nu & 1 & 0 \\ 0 & 0 & \frac{1-\nu}{2} \end{bmatrix}\Lambda \tag{3.75}$$

Unter der realistischen Annahme, dass $\Lambda_x = \Lambda_y = \Lambda$ gilt, vereinfacht sich Gl. (3.75) weiter

$$\mathbf{N}_\Lambda = \begin{Bmatrix} N_{\Lambda_x} \\ N_{\Lambda_y} \\ N_{\Lambda_{xy}} \end{Bmatrix} = \frac{2E_a t_a}{1-\nu}\begin{Bmatrix} \Lambda \\ \Lambda \\ 0 \end{Bmatrix} \tag{3.76}$$

Einsetzten von Gl. (3.76) und Gl. (3.74) in Gl. (3.71) führt zur induzierten Dehnung

$$e^0 = \frac{2E_a t_a}{E_s(t_s - 2t_a) + E_a t_a}\begin{Bmatrix} \Lambda \\ \Lambda \\ 0 \end{Bmatrix} \tag{3.77}$$

oder

$$\varepsilon_x^0 = \varepsilon_y^0 = \frac{2\Lambda}{2+\psi_d} \quad \gamma_{xy}^0 = 0 \tag{3.78}$$

und dem skalaren relativen Steifigkeitsparameter

$$\psi_d = \frac{A_s}{A_a} = \frac{E_s(t_s - 2t_a)}{E_a t_a} \tag{3.79}$$

Diese Gleichungen entsprechen denen des Balkens. Mit denselben Annahmen ergibt sich für die Krümmungen der Platte

$$\kappa_x = \kappa_y = \frac{2E_a t_a\left(d + \frac{t_a}{2}\right)}{E_s\left[\frac{t_s^3}{12} - t_a\left(d^2 + dt_a + \frac{t_a^3}{3}\right)\right] + 2E_a t_a\left(d^2 + dt_a + \frac{t_a^3}{3}\right)}\Lambda$$
$$\kappa_{xy} = 0 \tag{3.80}$$

Bei aufgeklebten Aktuatoren gilt für den Fall der Ausdehnung Gl. (3.78) mit

$$\psi_d = \frac{E_s t_s}{E_a t_a} \tag{3.81}$$

Im Biegefall, d. h. $d = t_s/2$, folgt für die Krümmungen

$$\kappa_x = \kappa_y = \frac{6\left(1+\frac{1}{T}\right)\left(\frac{2}{t_s}\right)\Lambda}{(6+\psi_d)+\frac{12}{T}+\frac{8}{T^2}}$$

$$\kappa_{xy} = 0 \tag{3.82}$$

Die dargestellten Lösungen gelten, wie bereits erwähnt, nur für die mechanisch unbelastete Platte. Sie stimmen mit den Lösungen des Bernoulli-Euler-Modells überein. Die Auswirkung der Aktuationsdehnungen hängen jedoch von der mechanischen Beanspruchung und von den Randbedingungen ab. Eine näherungsweise Lösung des allgemeinen Problems kann mit einer Energieformulierung gefunden werden, wie im nächsten Abschnitt gezeigt wird.

3.7.2 Die Energieformulierung des allgemeinen Plattenproblems

Die gesamte Energie der Struktur setzt sich aus der Summe der potentiellen und kinetischen Energie zusammen. Im statischen Fall ist die kinetische Energie nicht vorhanden. Für die potentielle Energie folgt

$$U = \frac{1}{2}\int_V \varepsilon^T \mathbf{Q} \varepsilon dV - \int_V \varepsilon^T \mathbf{Q} \Lambda dV \tag{3.83}$$

wobei $\mathbf{Q}$ die Laminatsteifigkeitsmatrix bezeichnet. Einsetzen des Dehnungsvektors ε (Gl. (3.64) in den Ausdruck der Deformationsenergie ergibt

$$\begin{aligned} U = {} & \tfrac{1}{2}\int_A \left(\varepsilon^{0^T}\mathbf{A}\varepsilon^0 + \varepsilon^{0^T}\mathbf{B}\kappa + \kappa^T\mathbf{B}\varepsilon^0 + \kappa^T\mathbf{D}\kappa\right)dA \\ & - \int_A \left(\varepsilon^{0^T}\mathbf{N}_\Lambda + \kappa^T\mathbf{M}_\Lambda\right)dA \end{aligned} \tag{3.84}$$

Das erste Integral von Gl. (3.84) beschreibt die Deformationsenergie einer anisotropen Platte. Das zweite Integral bezieht sich auf den Einfluss der induzierten Aktuationsdehnung. Zur Lösung des statischen Problems kann näherungsweise ein numerisches Verfahren wie die Methode der finiten Elemente benutzt werden. Dazu wird auf die angegebene Literatur verwiesen [3.5, 3.6, 3.7].

3.8 Zusammenfassung

Es wurden verschiedene sehr einfache Modelle vorgestellt. Dabei hat sich herausgestellt, dass das Bernouilli-Euler Modell sehr gute Ergebnisse bezüglich des Deformationsverhaltens liefert.

Für komplexe Strukturen kommt als Berechnungstool allerdings nur eine numerische Methode wie die Finite Elemente Methode in Frage. Sie erlaubt es, auf wirtschaftliche Weise selbst bei komplexen Konstruktionen Aussagen über das Deformationsverhalten und den Beanspruchungszustand zu machen.

4. Die Integration von Struktur- und Regelungsmodell

4.1 Einführung

Die Verknüpfung des Strukturmodells mit dem Regelungsmodell ist bei der Auslegung aktiver Strukturen notwendig, um das Verhalten der aktiven Struktur simulieren zu können. Insbesondere bei dynamischen Problemen wie der aktiven Schwingungskontrolle muss eine Integration von Struktur- und Kontrollmodell erfolgen [4.1]. Im folgenden wird davon ausgegangen, dass die Struktur mit Hilfe eines finite Elemente Modells diskretisiert wurde.

Die Beschreibung des Systems im Zeitbereich, d. h. im Zustandsraum hat gegenüber der Formulierung im Frequenzbereich einige Vorteile. Unter anderem können im Zeitbereich auch nicht-lineare Systeme mit zeitlich veränderlichem Verhalten behandelt werden. Es können Systeme mit mehreren Ein- und Ausgängen[1] in kompakter Form im Zustandsraum behandelt werden, sehr ähnlich einem System mit nur einem Ein- und Ausgang[2].

Die Zustandsraumformulierung ist ausserdem aufgrund der Verfügbarkeit zahlreicher Simulationssoftware sehr attraktiv. Damit kann das Systemverhalten auf die Auswirkung von Änderungen der Systemparameter auf das globale Systemverhalten wirkungsvoll untersucht werden.

Zunächst werden einige grundlegende Begriffe der Zustandsraumformulierung am Beispiel eines einfachen mechanischen Systems erklärt. Bei dem Beispielsystem handelt es sich um ein invertiertes Pendel, dass sich auf einem Wagen befindet. Die Aufgabe besteht darin, den Wagen so zu bewegen, dass die Masse m immer in der senkrechten Position ($\alpha = 0$) bleibt. Dazu wird eine zeitlich veränderliche Kraft F(t) auf den Wagen ausgeübt. Die zu kontrollierende Masse m ist über einen starren Balken der Länge l mit dem Wagen (Masse M) verbunden.

Für kleine Auslenkungen α können die Bewegungsgleichungen geschrieben werden:

$$M\ddot{x} + ml\ddot{\alpha} - F(t) = 0 \tag{4.1}$$

---

[1] Engl.: MIMO-Systeme (Multiple Input Multiple Output).

[2] Engl.: SISO-Systeme (Single Input Single Output).

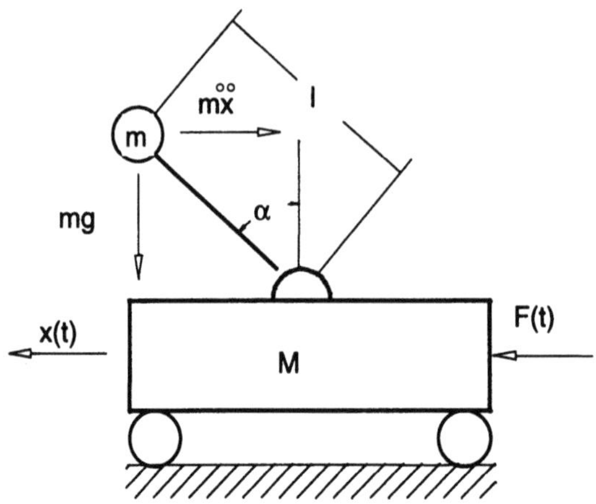

Bild 4.1. Invertiertes Pendel auf einem Wagen [4.7]

$$ml\ddot{x} + ml^2\ddot{\alpha} - mgl = 0 \tag{4.2}$$

x(t) bzeichnet die Verschiebung, g die Erdbeschleunigung. Unter der Annahme, dass die Masse des Wagens viel grösser als die des Pendels ist, können die Zustandsvariablen des Systems definiert werden als

$$x_1 = x(t), x_2 = \dot{x}(t), x_3 = \alpha(t), x_4 = \dot{\alpha}(t) \tag{4.3}$$

Die Zustandsvariablen zeichnen sich dadurch aus, dass sie den kleinsten Satz unabhängiger Systemvariablen darstellen. Mit ihren Werten beim Zeitpunkt t_0 beschreiben sie zusammen mit den bekannten Funktionen der Eingangs- bzw. Kontrollgrössen vollständig die Werte aller Systemvariablen für alle Zustände bei $t \geq t_0$. Die Zustandsvariablen von MIMO-Systeme werden im Zustandsvektor **x** zusammengefasst. Die Auswahl der Zustandsvariablen muss im übrigen nicht eindeutig sein. Wesentlich ist die Bedingung der linearen Unabhängigkeit und der minimalen Anzahl.

Werden die Zustandsvariablen aus Gl. (4.3) in Gl. (4.1) und (4.2) eingesetzt, ergibt sich ein System bestehend aus zwei linearen Differentialgleichungen erster Ordnung

$$\begin{aligned} M\dot{x}_2 + ml\ \dot{x}_4 - f(t) = 0 \\ \dot{x}_2 + l\dot{x}_4 - gx_3 = 0 \end{aligned} \tag{4.4}$$

Auflösen nach $\dot{x}_2$ und $\dot{x}_4$ und mit der Annahme $m/M \ll 1$ ergibt sich

$$\dot{x}_2 = -\frac{mg}{M}x_3 + \frac{1}{M}F(t)$$
$$\dot{x}_4 = \frac{g}{l}x_3 - \frac{1}{Ml}F(t) \tag{4.5}$$

Diese Gleichungen können in Matrixform geschrieben werden. Die Zustandsgleichungen sind

$$\begin{Bmatrix} \dot{x}_1 \\ \dot{x}_2 \\ \dot{x}_3 \\ \dot{x}_4 \end{Bmatrix} = \begin{bmatrix} 0 & 1 & 0 & 0 \\ 0 & 0 & -mg/M & 0 \\ 0 & 0 & 0 & 1 \\ 0 & 0 & g/l & 0 \end{bmatrix} \begin{Bmatrix} x_1 \\ x_2 \\ x_3 \\ x_4 \end{Bmatrix} + \begin{Bmatrix} 0 \\ 1/M \\ 0 \\ -1/Ml \end{Bmatrix} F(t) \tag{4.6}$$

oder abgekürzt

$$\mathbf{x} = \mathbf{A}\mathbf{x} + \mathbf{B}\,\mathbf{u} \tag{4.7}$$

Der Winkel $\alpha(t)$ und die Verschiebung (Weg) $x(t)$ sind messbare Grössen. Sie sind die Ausgangsgrössen des Systems.

$$\begin{Bmatrix} x \\ \alpha \end{Bmatrix} = \begin{bmatrix} 1 & 0 & 0 & 0 \\ 0 & 0 & 1 & 0 \end{bmatrix} \begin{Bmatrix} x_1 \\ x_2 \\ x_3 \\ x_4 \end{Bmatrix} \tag{4.8}$$

und abgekürzt

$$\mathbf{y} = \mathbf{C}\mathbf{x} + \mathbf{D}\mathbf{u} \tag{4.9}$$

mit D=0 (für dieses Beispiel).

In Bild 4.2 wird das äquivalente Blockschaltbild eines allgemeinen linearen Systems in der Formulierung des Zustandsraums gezeigt.

Die Matrix **A** bezeichnet die Systemmatrix. Die Matrix **B** stellt den Zusammenhang bezüglich der Kopplung von Kontrollvariablen (Eingangsgrössen) und Zustandsvariablen her. Die Matrix **C** zeigt die Relation zwischen den Ausgangsgrössen und den Zustandvariablen. Der direkte Einfluss der Kontrollvariablen auf die Ausgangsgrössen wird durch die **D**-Matrix beschrieben. Sie wird in der englischsprachigen Literatur auch als "feedforward matrix" bezeichnet.

Wenn alle Matrizen (**A**, **B**, **C**, **D**) konstant sind, ist das System zeitinvariant. Häufig besteht kein direkter Zusammenhang zwischen den Eingangs- und Ausgangsgrössen, so dass die Matrix **D** Null ist. Bei dem gewählten Beispiel handelt es sich demnach um ein System vierter Ordnung mit einer Eingangsgrösse $u(t)=F(t)$ und zwei Ausgangsgrössen $y = [x \quad \alpha]^T$.

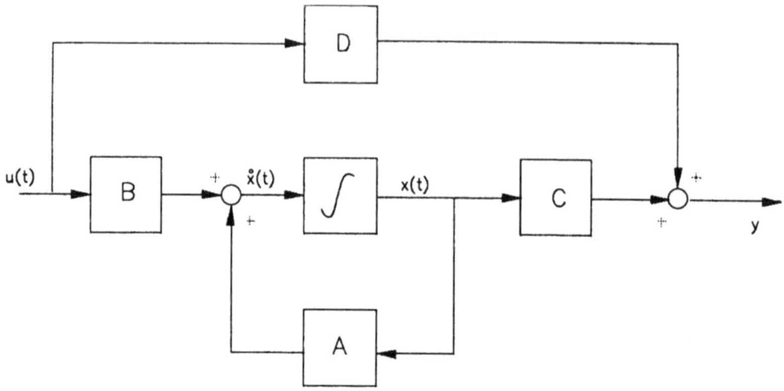

Bild 4.2. Äquivalentes Blockschaltbild eines linearen Systems

Ein System wird zu einem Zeitpunkt t_0 als regel- oder kontrollierbar bezeichnet, wenn es mit einem unbeschränkten Kontrollvektor u möglich ist, dass System von einem beliebigen Zustand $\mathbf{x}(t_0)$ in einen anderen beliebigen Zustand innerhalb eines endlichen Zeitintervalls zu überführen.

Anderseits ist ein System mit dem Zustand $\mathbf{x}(t_0)$ zu einem Zeitpunkt t_0 beobachtbar oder observierbar, wenn dieser Zustand durch Beobachtung der Ausgangsgrössen über ein finites Zeitintervall bestimmt werden kann. Beide Eigenschaften spielen eine zentrale Rolle bei der Auslegung von Regelsystemen im Zustandsraum. Durch Analyse des Ranges der **A**, **B**, **C** und **D**-Matrizen können die Eigenschaft der Kontrollier- und Observierbarkeit bestimmt werden.

Die Stabilität dynamischer Systeme betrifft eine weitere wichtige Eigenschaft. Die Stabilitätsanalysis nach Lyapunov ist die allgemeinste Form der Stabiltätsbestimmung, insbesondere für nicht-lineare, zeitvariante Systeme. Für zeitinvariante, lineare Systeme bieten sich unter anderen die klassischen Methoden nach Routh oder Nyquist an. Auf die weitere Diskussion dieser Methoden wird an dieser Stelle verzichtet und statt dessen auf die angebene Literatur verwiesen [4.7, 4.9].

4.2 Die Darstellung von Konstruktionen im Zustandsraum

Das zugrunde gelegte Strukturmodell kann durch folgende Gleichung beschrieben werden:

$$m\ddot{q} + c\dot{q} + kq = F \tag{4.10}$$

mit
- m: Masse [kg]
- c: Dämpfungskonstante [Ns/m]
- k: Steifigkeit [N/m]
- q: Wegvariable [m]
- Q: Kraft [N]

Es wird ferner angenommen, dass die generalisierte Kraft Q linear mit der Eingangsgrösse (Aktuatorsignal) u verknüpft ist.

$$F = \beta u \tag{4.11}$$

Falls die Eingangsgrössen als diskrete Kräfte an einem Freiheitsgrad des Modells ausgedrückt werden können (FE-Modell), stellt β die Matrix eine Koinzidenztransformation dar, die die Aktuatorsignale mit dem jeweiligen Freiheitsgrad in Beziehung setzt. Daher haben die Koeffizienten dieser Matrix nur entweder den Wert Null oder Eins [4.2].

Der Vektor der Ausgangsgössen **y** ist eine Linearkombination der Bewegungsgrössen q bzw. $\dot{q}$

$$y = C_q q + C_{\dot{q}} \dot{q} \tag{4.12}$$

Das System wird in die Form der Zustandsraumformulierung durch die Wahl des Zustandsvektor überführt

$$x = [q \quad \dot{q}]^T \tag{4.13}$$

Damit ergeben sich die Zustandsgleichungen nach Umformen und Einsetzen als

$$x = \begin{bmatrix} 0 & 1 \\ -m^{-1}k & -m^{-1}c \end{bmatrix} x + \begin{bmatrix} 0 & m^{-1}\beta \end{bmatrix} u \tag{4.14}$$

$$y = \begin{bmatrix} C_q & C_q \end{bmatrix} x \tag{4.15}$$

Das System kann weiter in die modale Form des Zustandsraums überführt werden. Unter der Annahme, dass die Dämpfung modal ist (d. h. es gilt die für Dämpfungskonstanten: $\gamma_i \leq 0.02$ für alle Moden i, die Nebenglieder der Dämpfungsmatrix **c** sind vernachlässigbar klein), lässt sich die modale Matrix[1] $\mathbf{\Phi}$ so bestimmen, dass gilt:

$$\mathbf{\Phi}^T \mathbf{m} \mathbf{\Phi} = \mathrm{diag}(m_i) \tag{4.16}$$

$$\mathbf{\Phi}^T \mathbf{k} \mathbf{\Phi} = \mathrm{diag}(m_i \omega_i^2) \tag{4.17}$$

$$\mathbf{\Phi}^T \mathbf{c} \mathbf{\Phi} = \mathrm{diag}(-2\gamma_i \omega_i) \tag{4.18}$$

Die Abkürzung "diag" steht als Abkürzung für eine Diagonalmatrix. Die Transformation

$$\mathbf{q} = \mathbf{\Phi} x, \quad \dot{\mathbf{q}} = \mathbf{\Phi} \dot{x} \tag{4.19}$$

führt auf die Gleichungen in modaler Form

$$m_i \ddot{\xi} + 2\gamma_i m_i \omega_i \dot{\xi} + m_i \omega_i^2 \xi_i = \mathbf{\Phi}_i^T \beta u \tag{4.20}$$

$$y = C_q \Phi_i \xi + C_{\dot{q}} \Phi \dot{\xi} \tag{4.21}$$

Die Form des Zustandsraums ergibt sich nach der Wahl der Zustandsvariablen

$$\eta = [\xi_k \quad \dot{\xi}_k]^T \tag{4.22}$$

Die Zustandsgleichungen haben eine einfache Blockstruktur der Form

$$\dot{\eta} = \mathbf{A}\eta + \mathbf{B}\mathbf{u} \tag{4.23}$$

$$\mathbf{y} = \mathbf{C}\eta \tag{4.24}$$

wobei

$$\mathbf{A} = \begin{bmatrix} \mathbf{0} & \mathbf{I} \\ -\mathbf{m}^{-1}\mathbf{k} & -\mathbf{m}^{-1}\mathbf{c} \end{bmatrix} \tag{4.25}$$

$$\mathbf{B} = \begin{bmatrix} \mathbf{I} \\ -\mathbf{m}^{-1}\mathbf{\Phi}^T \beta \end{bmatrix} \tag{4.26}$$

$$\mathbf{C} = [\mathbf{C}_q \mathbf{\Phi} \quad \mathbf{C}_q \mathbf{\Phi}] \tag{4.27}$$

Damit sind alle Gleichungen zur Beschreibung des Strukturmodells im modalen Zustandsraum gegeben.

[1] Die modale Matrix enthält die Eigenvektoren.

4.2.1 Ein Anwendungsbeispiel

Anhand einer Balkenstruktur, die mit der finite Elemente Methode diskretisiert wurde, wird nun die Überführung in die Formulierung des Zustandsraums beispielhaft dargestellt.

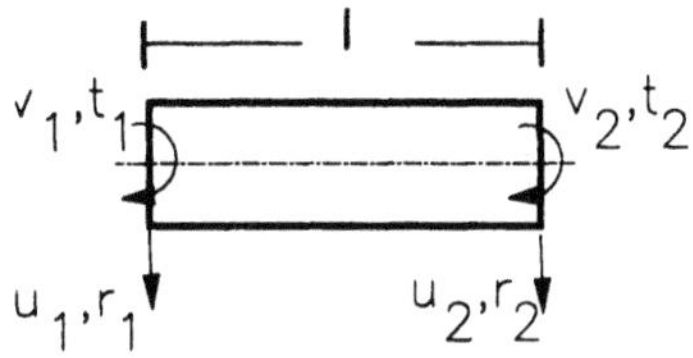

Bild 4.3. Generalisiertes Balkenelement mit je 2 Freiheitsgraden pro Knoten

Bei dem betrachteten Balkenelementtyp handelt es sich um ein reduziertes Element, d. h. es werden nur die Querkräfte und Biegemomente in einer Hauptebene als Freiheitsgrade berücksichtigt. Das Element hat an jedem Knoten deshalb nur einen translatorischen und rotatorischen Freiheitsgrad.

Die Steifigkeitsmatrix dieses Balkenlementes ist

$$k_j = \frac{EI}{L^3}\begin{bmatrix} 12 & 6L & -12 & 6L \\ 6L & 4L^2 & -6L & 2L^2 \\ -12 & -6L & 12 & -6L \\ 6L & 2L^2 & -6L & 4L^2 \end{bmatrix} \tag{4.28}$$

und die diskrete Massenmatrix

$$m_j = \rho AL\begin{bmatrix} .5 & 0 & 0 & 0 \\ 0 & 0 & 0 & 0 \\ 0 & 0 & .5 & 0 \\ 0 & 0 & 0 & 0 \end{bmatrix} \tag{4.29}$$

Die betrachtete Gesamtstruktur setzt sich aus insgesamt vier Balkenelementen zusammen (Bild 4.4).

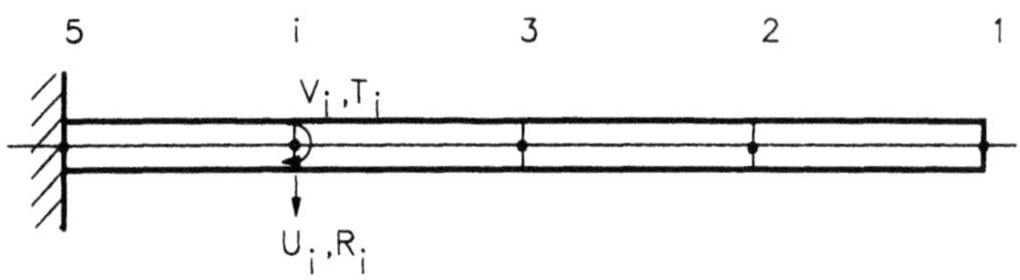

Bild 4.4. Idealsierte Struktur mit vier Balkenelementen

Die vier Balkenelemente werden entsprechend den Koinzidenzen in die globale Steifigkeits- und Massenmatrix eingeordnet. Das System hat insgesamt 10 Freiheitsgrade und Lasten.

Nach Kondensierung der Freiheitsgrade (gesperrte Freiheitsgrade und Lasten werden aus dem Gleichungssystem entfernt) und Partionierung lässt sich das System in Matrixfrom bringen:

$$\begin{bmatrix} \mathbf{M}_{UU} & \mathbf{M}_{UV} \\ \mathbf{M}_{VU} & \mathbf{M}_{VV} \end{bmatrix} \begin{Bmatrix} \ddot{\mathbf{U}} \\ \ddot{\mathbf{V}} \end{Bmatrix} + \begin{bmatrix} \mathbf{K}_{UU} & \mathbf{K}_{UV} \\ \mathbf{K}_{VU} & \mathbf{K}_{VV} \end{bmatrix} \begin{Bmatrix} \mathbf{U} \\ \mathbf{V} \end{Bmatrix} = \begin{Bmatrix} \mathbf{R} \\ \mathbf{T} \end{Bmatrix} \tag{4.30}$$

mit

$$\mathbf{U}^T = [U_1 \quad U_2 \quad U_3 \quad U_4] \tag{4.31}$$

$$\mathbf{V}^T = [V_1 \quad V_2 \quad V_3 \quad V_4] \tag{4.32}$$

$$\mathbf{R}^T = [R_1 \quad R_2 \quad R_3 \quad R_4] \tag{4.33}$$

$$\mathbf{T}^T = [T_1 \quad T_2 \quad T_3 \quad T_4] \tag{4.34}$$

Damit sind die Systemgleichungen bekannt.

Im nächsten Schritt werden die gesuchte spektrale und modale Matrix $\mathbf{\Lambda}$ und $\mathbf{\Phi}$ mit den Eigenfrequenzen bzw. den Eigenvektoren des Systems bestimmt. Das System hat vier massebehaftete Freiheitsgrade, so dass insgesamt vier Eigenwerte zu bestimmen sind.

Zur Lösung des Eigenwertproblems bieten sich Näherungsverfahren wie zum Beispiel dasjenige nach Raleigh-Ritz an. Durch die Kondensation der Freiheitsgrade werden in der Eigenwertanalyse nur noch die massebehafteten Freiheitsgrade behandelt, wodurch sich eine erhebliche Vereinfachung des Problems ergibt. Bei diesem Verfahren werden zur Reduktion der Freiheitsgrade zunächst sogenannte Ritzvektoren $\mathbf{\Psi}$ berechnet. Diese stellen die Lösung des statischen Problems dar. Dazu wird das statische Belastungsmuster $\mathbf{Q}$ angenommen.

$$\mathbf{K\Psi} = \mathbf{Q} \tag{4.35}$$

Im vorliegenden Beispiel können die statischen Lastvektoren beispielsweise sein

$$Q = [q_1 \quad q_2 \quad q_3 \quad q_4] = \begin{bmatrix} \mathbf{I}_{4\times4} \\ \mathbf{0}_{4\times4} \end{bmatrix} \tag{4.36}$$

$$\mathbf{Q} = \begin{bmatrix} 1 & 0 & 0 & 0 \\ 0 & 1 & 0 & 0 \\ 0 & 0 & 1 & 0 \\ 0 & 0 & 0 & 1 \\ 0 & 0 & 0 & 0 \\ 0 & 0 & 0 & 0 \\ 0 & 0 & 0 & 0 \\ 0 & 0 & 0 & 0 \end{bmatrix} \tag{4.37}$$

Die Ritzvektoren Ψ werden durch Lösung von Gl. (4.35) berechnet. Dann können die reduzierte Steifigkeits- und Massenmatrix ermittelt werden.

$$\tilde{\mathbf{K}} = \mathbf{\Psi}^T \mathbf{K} \, \mathbf{\Psi} \tag{4.38}$$

$$\tilde{\mathbf{M}} = \mathbf{\Psi}^T \mathbf{M} \, \mathbf{\Psi} \tag{4.39}$$

Die Massen- und Steifigkeitsmatrix $\mathbf{K}_{8\times8}$ und $\mathbf{M}_{8\times8}$ sind durch diese Transformation auf Matrizen $\tilde{\mathbf{K}}_{4\times4}$ bzw. $\tilde{\mathbf{M}}_{4\times4}$ reduziert worden. Das Eigenwertproblem wird mit diesen neuen Matrizen formuliert.

$$\tilde{\mathbf{K}}\mathbf{\Phi} = \mathrm{L}\tilde{\mathbf{M}}\mathbf{\Phi} \tag{4.40}$$

Die Approximation der Eigenvektoren des Gesamtsystems $\hat{\mathbf{\Phi}}$ wird durch Projektion der Eigenvektoren $\mathbf{\Phi}$ über die Ritzvektoren gefunden.

$$\hat{\mathbf{\Phi}} = \Psi\mathbf{\Phi} \tag{4.41}$$

Die bezüglich der Massen M_i normalisierten Eigenvektoren $\overline{\mathbf{\Phi}}_i$ werden dann benutzt, um die Massen- und Steifigkeitsmatrix[2] in Diagonalform zu erhalten.

$$\overline{\mathbf{K}} = \mathbf{\Phi}\tilde{\mathbf{K}}\mathbf{\Phi} \tag{4.42}$$

$$\overline{\mathbf{M}} = \mathbf{\Phi}\tilde{\mathbf{M}}\mathbf{\Phi} \tag{4.43}$$

Die Gleichungen (4.42) und (4.43) representieren die Struktur in modaler Form. Damit kann die Überführung in die Zustandsraumformulierung durchgeführt werden. Da die Dämpfung als modal angenommen wird, kann die Dämpfung γ_i jedem Freiheitsgrad hinzugefügt werden.

---

[2] Mit jeweils der Dimension 4×4.

$$\mathbf{A} = \begin{bmatrix} \mathbf{0} & \mathbf{I} \\ -\overline{\mathbf{M}}^{-1}\overline{\mathbf{K}} & -2\gamma\sqrt{\overline{\mathbf{M}}^{-1}\overline{\mathbf{K}}} \end{bmatrix} \tag{4.44}$$

$$\mathbf{B} = \begin{bmatrix} \mathbf{0} \\ \overline{\mathbf{M}}^{-1}\overline{\mathbf{\Phi}}^{\mathrm{T}}\mathbf{R} \end{bmatrix} \tag{4.45}$$

$$\mathbf{C}_y = \begin{bmatrix} \mathbf{0} & \mathbf{R}^{\mathrm{T}}\overline{\mathbf{\Phi}} \end{bmatrix} \tag{4.46}$$

$$\mathbf{C}_z = \begin{bmatrix} \mathbf{R}^{\mathrm{T}}\overline{\mathbf{\Phi}} & \mathbf{0} \end{bmatrix} \tag{4.47}$$

Gl. (4.46) bezeichnet die Matrix der Ausgabegrössen in Form der Geschwindigkeiten $\dot{q}$, während Gl. (4.47) für die Position bzw. den Weg q als sogenannte Performancegrösse steht.

Das System ist nach Bestimmung der Matrizen **A**, **B**, **C** und **D** im Zustandsraum definiert. Das Bodediagramm des Systems zeigt Bild 4.5.

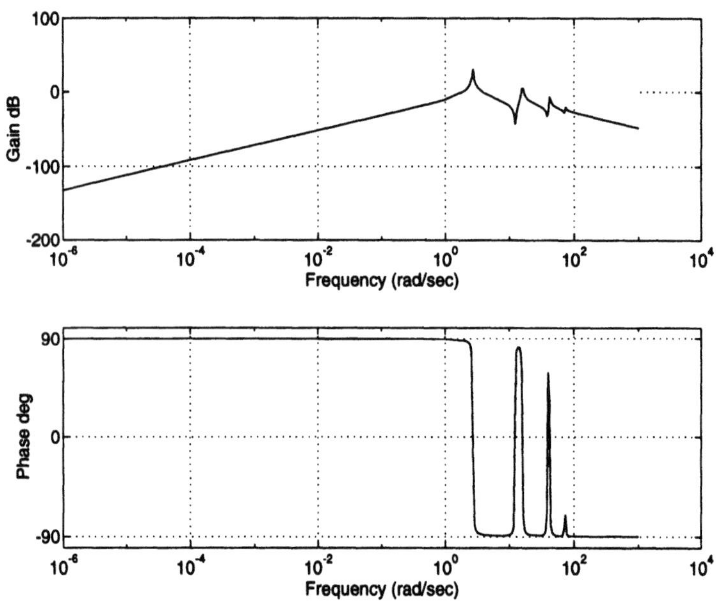

Bild 4.5. Bodediagramm der Balkenstruktur

5. Die konstruktive Gestaltung und Fertigung aktiver Funktionsbauweisen

5.1 Konstruktive Gesichtspunkte

Faserverstärkte Kunststoffe eröffnen dem Konstrukteur umfangreichere Gestaltungsmöglichkeiten. Der Werkstoff kann in weiten Bereichen den spezifischen Anforderungen angepasst werden. Die Ausnutzung der Materialanisotropie erlaubt eine an die Belastung optimal ausgelegte Struktur. Modifikationen bezüglich der Struktursteifigkeit und/ oder Strukturfestigkeit können ohne Änderung der eigentlichen Geometrie innerhalb gewisser Grenzen durchgeführt werden. Dazu können entweder der Lagenaufbau geändert und/ oder eine andere Faser-/ Matrixkombination gewählt werden.

Ein erheblicher Unterschied zu konventionellen Konstruktionswerkstoffen Werkstoffen besteht in der Realisierung einer sehr stark integrierten Bauweise. Die Integration kann die Reduktion von Einzelteilen betreffen. Es werden dadurch "aufgelöste", d.h. Konstruktionen mit einer differenzierten Bauweise vermieden.

Die direkte Integration besonderer physikalischer Eigenschaften, die sich nicht nur auf die Steifigkeit und Festigkeit beschränken, ist jedoch der gravierendste Unterschied zu den konventionellen, metallischen Konstruktionswerkstoffen.

Das Ziel ist, die gewünschte Funktion in den Werkstoff bzw. die Bauweise während der Fertigungsphase einzubringen. Im Fall der aktiven Funktionsbauweise sind dies zunächst aktuatorische und sensorische Eigenschaften, die den mechanischen Zustand der Struktur erfassen und beeinflussen.

Der grobe Ablaufplan zur Entwicklung einer aktiven Struktur ist in Bild 5.1 skizziert. Ausgangspunkt für den Entwurf sind zunächst die Anforderungen. Die Anforderungen können sich unter anderem auf die Geometrie, das Betriebsverhalten (max. Verformung, Festigkeit, Sicherheit) oder die Kosten beziehen.

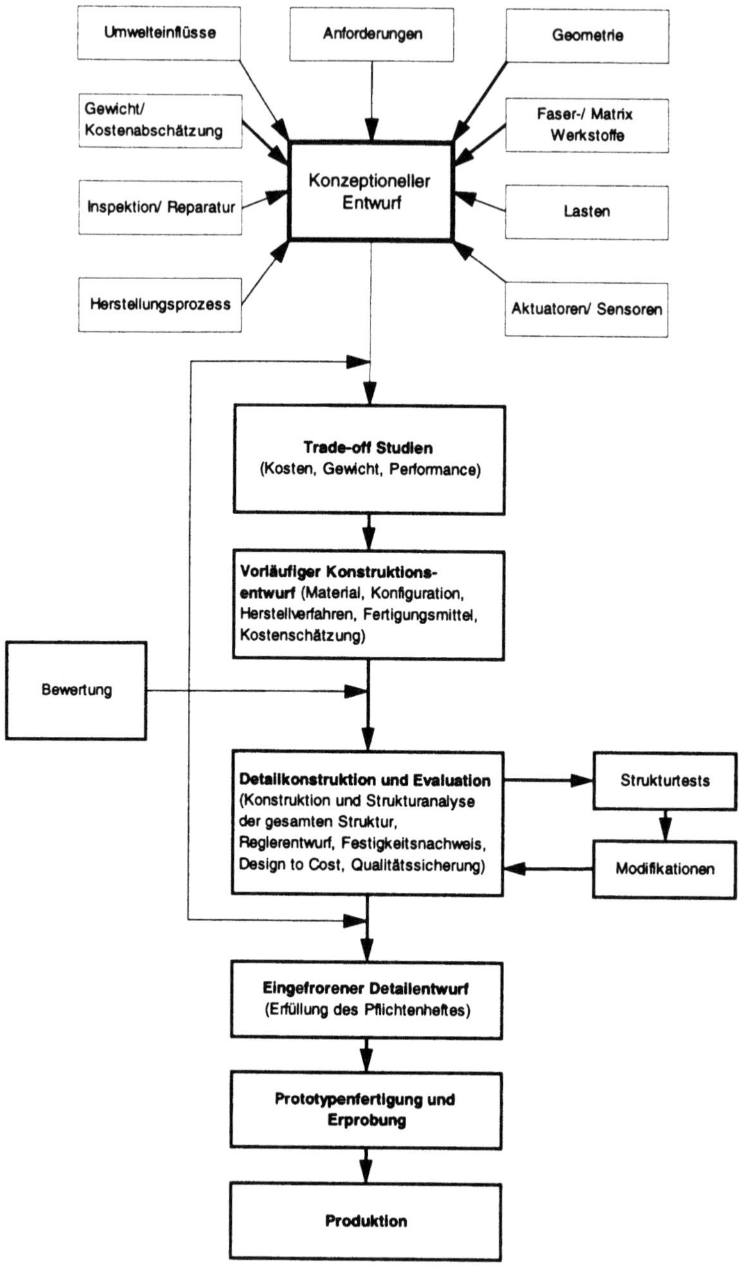

Bild 5.1. Ablaufdiagramm bei der Entwicklung einer Struktur mit aktiven Eigenschaften

Mehr oder weniger eng gekoppelt damit ist die Wahl des geeigneten Herstellungsprozesses und der Bauweise. Gesichtspunkte, die die Einsatzdauer betreffen (Inspektionsmethoden), spielen ebenfalls eine wichtige Rolle.

Ein ganz wesentlicher Bereich betrifft die Auswahl der aktiven Elemente (Aktuatoren, Sensoren) und deren Integration in die Struktur. Sie hängt von Randbedingungen wie Umwelteinflüsse unter Betriebsbedingungen, mechanische Leistungsfähigkeit, etc. ab.

Der konzeptionelle Entwurf wird durch die starke Kopplung verschiedenster Randbedingungen bzw. Lösungsmöglichkeiten zu einer komplexen Entwurfsaufgabe.

Im Anschluss daran folgen Trade-Off Studien, die im wesentlichen die Aufgabe der Bewertung unterschiedlicher Entwürfe bezüglich der tolerierbaren Forderungen haben. Es ist ein Abwägen zwischen Aufwand und Nutzen, das häufig bei passiven Strukturen durch die Beurteilung von Kosten zu Strukturgewicht gekennzeichnet ist. Im Falle aktiver Strukturen können weitere Leistungsmerkmale beispielsweise die Verbesserung der Konturgenauigkeit, Reduktion des Lärmpegels oder Schwingungsreduktion sein.

Das Ergebnis dieser Betrachtungen ist der Konstruktionsentwurf, der die spätere realisierte Lösung bereits im wesentlichen repräsentiert. Die Informationen über die Struktur können konkretisiert werden, dadurch dass zum Beispiel die Fertigungsmittel konstruiert und ihre Kosten bewertet werden.

Mit dem detaillierten Konstruktionsentwurf wird die Struktur dann in allen Einzelheiten definiert. Ferner ist der Nachweis der technischen Machbarkeit bei gleichzeitiger Erfüllung aller im Pflichtenheft genannten Forderungen nachzuweisen. Dieser Nachweis wird in der Regel sowohl theoretisch (analytische oder numerische Methoden) als auch experimentell geführt.

Es kann eine Adaption der theoretischen Modelle an das reale Verhalten durch Vergleich mit Testergebnissen durchgeführt werden. Experimentelle Untersuchungen können unter Umständen die einzig vertrauenswürdige Informationsquelle bei sehr komplexen Randbedingungen sein. Rückschlüsse aus diesen Untersuchungen fliessen in Form von Modifikationen in den Konstruktionsentwurf ein.

Werden alle Anforderungen erfüllt, kann die Konstruktion eingefroren werden, d.h. es sind keine Änderungen mehr möglich. Dies ist die Grundlage zur Fertigung eines Prototypen, der in einer Erprobungsphase unter den definierten Einsatzbedingungen als System getestet wird. Nach erfolgreichem Abschluss dieser Phase schliesst sich die Produktion an.

Der Entwurf und die Gestaltung von Bauteilen in Faserverbundbauweise unterliegt gewissen Grundregeln. Die Faserverbundbauweise ist wie in Kapitel 1 erläutert eine wesentliche Voraussetzung zur Realisation aktiver Strukturen. Deshalb werden im folgenden kurz die wesentlichen Grundregeln zur Gestaltung und Fertigung zusammengefasst. Aus diesen Regeln lassen sich weitere Rückschlüsse bezüglich der aktiven Funktionsbauweise ableiten.

5.1.1 Allgemeine Gestaltungsregeln

Zunächst werden einige vom Faserwerkstoff und Herstellungsverfahren unabhängige Gestaltungsregeln diskutiert.

5.1.1.1 Masseanhäufungen

Massenanhäufungen führen zu Verzug bei entformten Bauteilen. Der Grund dafür ist das ungleichmässige Abkühlen, woraus unterschiedlich grosse Schwindungen am Bauteil resultieren.

5.1.1.2 Wandstärken

Die Wandstärke sollte aus verschiedenen Gründen so dünn wie möglich gehalten werden. Zunächst einmal bedeutet dies ein niedriges Strukturgewicht, das im Hinblick auf den Energieaufwand im Betrieb von Bedeutung ist. Ausserdem kann die Gewichtseinsparung einer Strukturkomponente als "Kettenreaktion" auch Gewichtseinsparungen an weiteren Subsystemen bedeuten. Gewichtseinsparung heisst aber auch die Reduktion der Materialkosten. Bei dünnen Wandstärken kann zur Berechnung die klassische Laminattheorie angewendet werden, was den Berechnungsaufwand erheblich reduziert. Bei "dicken Laminaten" ist dies nicht mehr möglich, die interlaminaren Spannungen müssen mit in Betracht gezogen werden, wodurch sich die Strukturanalyse als erheblich komplizierter und aufwendiger darstellt. Dünne Wandstärken bedeuten aber auch für die Fertigung kürzerer Herstellungszeiten.

5.1.1.3 Aus- und Abrundungen

Analog zur Gestaltung von Gussteilen müssen Ecken und Kanten mit ausreichenden Radien versehen werden. Damit wird vermieden, dass sich eine ungleiche Verteilung von Faser und Matrix einstellt. Die zum Teil sehr steifen Fasern sind nicht beliebig jeder Form anpassbar. Werden die Fasern über extrem kleine Radien gezogen, ist die Gefahr des Faserbruches gross.

5.1.1.4 Entformungsschrägen

Je nach Faser-/ Matrixkombination schwindet das Bauteil und die Vorrichtung beim Aushärtungs- bzw. Abkühlungsprozess, erhält dadurch eine zusätzliche Beanspruchung oder/ und deformiert sich ggf. relativ zur Form. Das Entformen mit relativ kleinem Kraftaufwand wird durch ausreichende Entformungsschrägen unterstützt.

Ähnlich wie bei der Gestaltung von Gussbauteilen sind Hinterschneidungen zur Vermeidung komplizierter, geteilter Formen möglichst zu vermeiden. Grosse Blechfelder können durch einfache, konstruktive Gestaltungsmassnahmen wie

Rippen, Sicken oder Abkantungen versteift werden. Solche Massnahmen sind in der Regel kostengünstiger als der Übergang vom ebenen Feld zur Schalenstruktur.

Weitere Regeln aus dem Gebiet der Leichtbaukonstruktionen lassen sich im Hinblick auf eine Optimierung der Bauteilgestaltung anwenden. Häufig ist es auch ratsam, Gestaltungshinweise aus dem Bereich der natürlichen Konstruktionen aufzunehmen. Konstruktionen der Natur zeichnen sich nachweisbar dadurch aus, dass sie stets mit dem geringsten Energieaufwand hergestellt und betrieben werden.

Ferner sind natürliche Strukturen gewichtsoptimal, langlebig und in der Regel anisotrop. Im technischen Sinne kann daher abgeleitet werden, dass mit möglichst einfachen Mitteln extremale Bedingungen erfüllt werden. Hauptziel ist mit Rücksicht auf eine Minimierung der ***Betriebskosten*** die gewichtsoptimale Dimensionierung. Die dabei zu erfüllenden strukturmechanischen Restriktionen sind ausreichende Steifigkeit (Deformation, Eigenfrequenzen), Festigkeit und Stabilität. Hier kann gerade der Einsatz aktiver Strukturkonzepte sehr vorteilhaft sein. Weitere Anforderungen können aus der ***Fertigung*** kommen. Je nach Anwendung sind ausserdem Fragestellungen wie Zuverlässigkeit und Lebensdauer von erhöhter Bedeutung. Ganz allgemein lässt sich festhalten, dass eine Bauweise durch die mechanischen Beanspruchungen, die Geometrie und den Umfang der integrierbaren Funktion definiert wird.

Grundsätzlich ist die Wahl der Bauweise von folgenden Gesichtspunkten abhängig:

- Kraftfluss bzw. allgemeiner Beanspruchungszustand
- Werkstoffauswahl
- Umgebungsbedingungen
- Fertigungsmöglichkeiten
- Zuverlässigkeit von Fügungen bzw. Verbindungen

Differenzierungsmerkmale unterschiedlicher Bauweisen sind deren Funktion, Trageigenschaften und Fertigung (Tabelle 5.1).

Einer der wichtigsten Vorteile der faserverstärkten Kunststoffe besteht in der konsequenten Umsetzung der Integralbauweise. Bezüglich Bauteilauslegung und Fertigung bzw. Fertigungskosten (insbesondere Reduktion der Montagekosten durch weniger Einzelteile) können sich wesentliche Einsparungen ergeben.

Aufgrund der äusseren Geometrie können Konstruktionen im strukturmechanischen Sinne in Stab-, Flächen-, oder Raumtragwerk eingeteilt werden. Die Belastung definiert den inneren Beanspruchungszustand, während die geometrischen Abmessungen und Höhe der Beanspruchung festlegen.

Bezüglich der Form einer Konstruktion sind zugbeanspruchte Strukturen ideal, besonders dann, wenn die anisotrope Faserverbundbauweise eingesetzt wird. Dann können die hohen spezifischen Steifigkeiten und Festigkeiten in Faserlängsrichtung optimal ausgenutzt werden. Es wird keine Biegesteifigkeit benötigt, deshalb kann zum Beispiel eine Profilierung entfallen.

Tabelle 5.1. Klassifizierung von Bauweisen

Bauweise	**Beschreibung, Merkmale**
Differential	additives Zusammenfügen von Einzelteilen mit ggf. unterschiedlichen Werkstoffen
Integral	aus einem Stück bzw. in einem Aushärtevorgang hergestelltes Bauteil
Kombination	optimale Kombination unterschiedlicher Bauweisen und Werkstoffe (z.B. Sandwich. Faserverbund)

Auch können keinerlei Instabilitätseffekte auftreten. Druckbeanspruchte Konstruktionen dagegen versagen in der Regel aufgrund von Stabilitätsproblemen und nicht wegen unzureichendem Tragvermögen (Festigkeit). Biege- und torsionsbeanspruchte Bauteile sind häufig aufgrund ungleichmässiger Spannungsverteilungen festigkeitsmässig nicht voll ausgeschöpft.

In der praktischen Anwendung treten diese Grundbelastungsfälle jedoch nicht isoliert, sondern überlagert auf. Dies kann dann zu einer kombinierten Bauweise führen.

Eine Konstruktion ist durch die äussere und innere Geometrie definiert. Die äussere Geometrie ist durch die Integration in das umgebende technische System vorgegeben. Die innere Geometrie kann jedoch durch die Werkstoffauswahl (Fasertyp, Matrixsystem) und konstruktive Gestaltung (Wanddicken, Steghöhen, Steglängen, ...) innerhalb der Zielvorgaben (z.B. Gesamtgewicht) adaptiert werden. Die erweiterte Funktionalität wird durch diskret eingebrachte aktive Elemente oder durch eine globale Modifikation einer Grundkomponente des Verbundes (entweder Faser oder Matrix) erreicht.

Es werden nun einige grundsätzliche Empfehlungen im Hinblick auf eine möglichst gewichtseffiziente Gestaltung gegeben:

5.1.1.5 Krafteinleitung

Die Krafteinleitung sollte möglichst direkt in die Hauptstruktur erfolgen. Kraftumleitungen führen zu höheren Beanspruchungen. Ausserdem sollten Belastungen so weit wie möglich grossflächig und nicht als konzentrierte Kräfte in die Struktur eingeleitet werden. Falls möglich sollten in die Struktur einzuleitende Kräfte zur Vermeidung zu grosser Deformationen direkt konstruktiv unterstützt werden.

Symmetrische Konstruktion bieten den Vorteil des inneren Kraftausgleichs. Geschlossene Konstruktionen sind anzustreben (Beispiel: Rohr unter Torsionsbeanspruchung).

Zur Erzielung der best möglichen Effizienz sollten Aktuatoren nach Möglichkeit immer in Bereiche der grössten Dehnungen positioniert werden.

5.1.1.6 Maximierung des Trägheits- bzw. Widerstandsmomentes

Bei Biege- und Torsionsbeanspruchungen sowie Stabilitätsproblemen (Knicken) sollten grosse Widerstandsmomente bei kleiner Querschnittsfläche realisiert werden. Durch Verlagern von möglichst viel Strukturwerkstoff in die Zonen höchster Beanspruchung (Randfasern) ist diese Anforderung erfüllbar (Beispiel: Doppel-T-Träger bei linienhaften Strukturen, Sandwich bei flächigen, kontinuierlichen Strukturen). Bei flächigen Strukturen bietet ein feingliedrige, aufgelockerte Bauweise mit dünnwandigen Stützquerschnitten (Stringer, Rippen, Gurte) eine weitaus bessere Lösung als kompakte Vollquerschnitte.

5.1.1.7 Ausnutzung der Stützwirkung durch Krümmung bzw. Schaleneffekt

Durch eine Vorkrümmung kann die Biege-, Knick- und Beulsteifigkeit von Balken bzw. Scheiben und Platten erheblich erhöht werden. Krümmungen, die der Last entgegengesetzt gerichtet sind, wirken Durchbiegungen entgegen und stabilisieren die Struktur gegen Durchschlagen im Stabilitätsfall.

5.1.1.8 Gezielte, gerichtete Versteifungen in den Hauptbelastungsrichtungen

Konstruktive und werkstoffmechanische Anisotropien können die Steifigkeit und/ oder Festigkeit eines Bauteils in ausgewählten Beanspruchungsrichtungen erhöhen. Klassisches Beispiel dafür sind die faserverstärkten Kunststoffe, die im Bauteil mit ihrer Faserlängsrichtung in Richtung der Hauptbeanspruchungsrichtung orientiert werden. Weitere Beispiele sind Sicken in Blechfeldern.

5.1.1.9 Möglichst umfassende Integration von Funktionen

Die Ausführung von Konstruktionen sollte der Zielvorstellung möglichst weniger Einzelteile folgen. Diese zunächst rein fertigungstechnisch bedingte Anforderung führt zu geringeren Montageproblemen und Verbindungsaufwand. Der damit meist implizierte höhere Aufwand bei den Fertigungsmitteln (Formenbau) kann durch den Sicherheitsgewinn und geringere Montagekosten kompensiert werden.

Die Integration passiver Funktionen (Beispiel Sandwichbauweise: in das steifigkeitsoptimierte Bauteil kann gleichzeitig die Wärmeisolation integriert werden) ist in diesem Zusammenhang von Bedeutung. Darüber hinaus ist durch eine direkte Integration von sensorischen oder aktuatorischen Funktionen eine erheblich Reduktion der Komplexität der Gesamtsystems erreichbar. Dafür sind Faserverbundbauweisen in hervorragender Weise geeignet.

Die genaue Kenntnis der Einsatzbedingungen, Beanspruchungen, Werkstoffeigenschaften sowie die Verfügbarkeit zuverlässiger Analysemethoden (numerische Berechnungsverfahren wie z.B. FEM) und ggf. Information aus Versuchen ergeben eine Wissensbasis, die die Optimierung einer Konstruktion bis an ihre physikalischen Grenzen zulässt.

Zum Teil aufgrund mangelnder Informationen (d.h. ungenaue Kenntnis der Randbedingungen) formulierte Sicherheitsfaktoren müssen dann jedoch kritisch hinterfragt werden. Bei allen Massnahmen, die als Ziel eine Verbesserung der Konstruktion verfolgen, muss eine Abschätzung von Aufwand und Nutzen erfolgen. Häufig hat dies das Eingehen von Kompromissen zur Konsequenz. Eine gute Hilfestellung bietet in diesem Zusammenhang die "Methode zur Bewertung technischer Systeme".

5.1.2 Fertigungsrelevante Gesichtspunkte

Die Eigenschaften oder Charakteristiken eines Bauteils aus faserverstärkten Kunststoffen ist von den mechanischen, elektrischen und thermischen Eigenschaften, des Volumengehaltes und der Orientierung der Faser im Laminat abhängig.

Die Herstellungsprozesses setzen den möglichen Lagenaufbauten Grenzen. Einige Prozesse bieten sich je nach Anwendung besonders an. In Tabelle 5.2 sind diese Zusammenhänge schematisch dargestellt.

Ausserdem sind bei der Herstellung von Laminaten mit integrierten aktiven Elementen die Prozessbedingungen, die vom Strukturwerkstoff her bestimmt sind, von Bedeutung. Dabei spielt die Verarbeitungstemperatur und die Art der Reaktion (exotherm) eine Rolle

Tabelle 5.2 Einfluss des Fertigungsprozesses auf den Lagenaufbau

Unidirektionale Faserorientierung		*Verstärkung:* Filamenete, Rovings *Prozess:* Pultrusion, Wickeln, RTM, RIM, Autoklav
Bidirektionale Faserorientierung	Prozentualer Anteil der Faserorientierung erhöht die Steifigkeit und Festigkeit in Richtung der Faserorientierung	*Verstärkung:* Filamente, Rovings, Gewebe, Gestricke, Kurz- und Langfasern *Prozess:* Wickeln, Handlaminieren, RTM, Prepregtechnik, Pressen, Pultrusion
Multidirektionale Faserorientierung		*Verstärkung:* Bänder, Kurzfasern, Matten, Gewebe, Gestricke *Prozess:* Wickeln, Handlaminieren, RTM, RIM, Vakuumsack, Autoklav, Schleuderverfahren

Tabelle 5.3 Fertigungsrelevante Eigenschaften von Matrixwerkstoffen

Material	Mittlere Dichte [kg/m^3]	Bruchdehnung [%]	Verarbeitungstemperatur [°C]	Dauergebrauchstemperatur [°C]	Wärmeformbeständigkeit nach ISO [°C]
Ungesättigte Polyester **UP**	1.20	< 3	RT - 180	80 - 160	55 - 90
Epoxyde **EP**	1.20	6 - 8	RT - 180	80 - 130	60 - 110
Phenolpaste **PF**	1.28	< 3	150 - 190	100 - 150	150
Vinylester **VE**	1.20	4 - 7	RT - 175	100 - 150	55 - 85
Polyimide **PI**	1.35	6 - 10	≈ 350	260	250
Polypropylen **PP**	0.90	> 600	170 - 300	110	50 - 65
Polyamid **PA**	1.10	200 - 500	210 - 290	80 - 120	50 - 110
Polyarylether-etherketon **PEEK**	1.32	50	280 - 400	250	140
Polyethersulfon **PES**	1.37	40 - 80	340 - 380	200	140

Die Verarbeitungstemperaturen von Harzsystemen variieren erheblich (Tabelle 5.3). Mit Rücksicht auf die Curietemperatur von Piezokeramiken und PVDF-Filmen sind alle Systeme, die bereits ab ca. 70°C bis 120°C aushärten, besonders geeignet.

Damit wird gewährleistet, dass die piezoelektrischen Eigenschaften während des Herstellungsprozesses nicht verloren gehen. Zu beachten ist, dass die duroplastischen Matrixwerkstoffe bei der Aushärtung eine exotherme Reaktion mit teilweiser hoher Wärmeentwicklung zeigen. Epoxyden haben eine Verarbeitungsschwindung von ca. 1 bis 3%.

Im Falle von Prozesstemperaturen oberhalb der Curietemperatur T_C, die beispielsweise bei teilkristallinen Thermoplasten auftreten, muss eine nachträgliche Repolarisierung durchgeführt werden. Im Kapitel 2 wurde auf die Möglichkeit der Repolarisierung von Piezokeramiken bereits eingegangen.

5.2 Die Fertigung aktiver Strukturen mit Piezokeramiken als aktive Elemente

Aktive Funktionsbauweisen können als Transducer (Aktuatoren und Sensoren) unterschiedlichste Materialien enthalten. Es ist darüber hinaus auch die direkte Integration von Elektronikkomponenten in ein Laminat oder Sandwich möglich.

Bei der direkten Integration sind die spezifischen Materialeigenschaften mit Bezug auf den Fertigungprozess zu beachten. Im Falle von Piezokeramiken sind dies die Materialsprödigkeit (der Keramik) und die Curietemperatur. Bild 5.2 zeigt für das Beispiel der Piezokeramiken als aktives Element die möglichen Fertigungsverfahren.

5.2.1 Die Integration von Piezokeramiken in Duroplaste

Piezokeramiken verhalten sich aufgrund ihrer Werkstoffcharakteristik sehr spröde. Es muss daher bei der Verarbeitung, wie auch später im Betrieb diesem Umstand Rechnung getragen werden. Eine mögliche Lösung bezüglich einer kostengünstigen und unproblematischen Fertigung bietet die Vorfertigung von Piezokeramiken als aktives Modul (Bild 5.3). Zunächst wird ein definiertes Elektrodenmuster aus einer metallbeschichteten Kunststoffolie ausgeätzt.

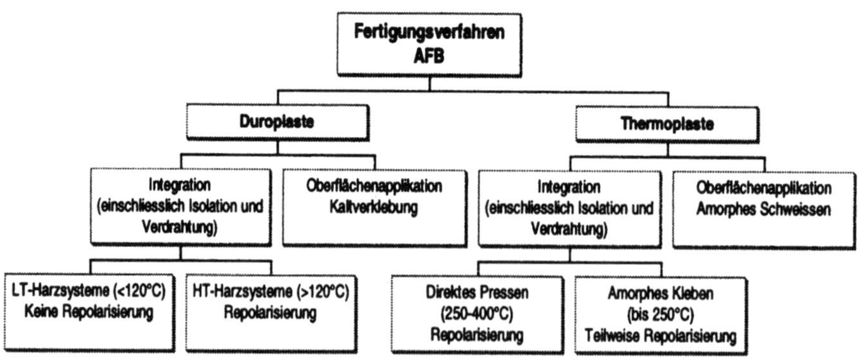

Bild 5.2. Fertigungsprozesses für aktive Funktionsbauweisen mit duroplastischer und thermoplastischer Matrix am Beispiel der Piezokeramiken

Das Elektrodenmuster wird durch verschiedene Anforderungen massgeblich definiert:

- geringst mögliche Bedeckung der Aktuatoroberfläche hinsichtlich der maximalen Aktuatoreffizienz
- weitgehend durchgängige Elektroden zur Überdeckung möglicher, örtlicher Risse in der Keramik
- effiziente Ableitung der vom Aktuator erzeugten Wärmeenergie

Die Trägerfolien sind elektrisch nicht leitend und sorgen damit für die notwendige elektrische Isolierung bei der Einbettung in kohlefaserverstärkten Laminaten. Die Trägerfolien werden mit der Piezokeramik zu einer Einheit verklebt.

Die Integration bzw. Einbettung des aktiven Elementes in das Laminat hat verschiedene Vorteile. Ungeschützte, an der Oberfläche liegende Piezokeramiken können schon bei relativ geringen äusseren Belastungen Schaden nehmen. Zur Einleitung von Biegedeformationen müssen die Piezokeramiken möglichst weit aussen in der "Randfaser" liegen.

In Kapitel 3 wurde die Plazierung des aktiven Elementes im Laminat im Hinblick auf die maximale Effektivität im strukturmechanischen Sinne behandelt. Als mögliche fertigungstechnische Lösungen kommen in Frage (Bild 5.4):

- Das Abdecken der Piezokeramik mit einer dünnen isotropen Decklage. Die Gesamtsteifigkeit des Laminates wird dadurch nicht oder kaum beeinflusst.
- Das formschlüssige Einbetten der Piezokeramiken in einen entsprechend der Piezoform ausgeschnittene Laminatlage.
- Die Kombination der beiden vorher genannten Lösungen, falls die aktive Schicht aussen in der Randfaser liegt.

Bei Laminaten, in die nur eine Längsdehnung induziert werden soll, nicht aber eine Biegung, müssen die aktiven Elemente in der Symmetrieebene des Laminates (Laminatmitte bzgl. Dickenrichtung) oder symmetrisch zur Symmetrieebene liegen. Dies kann beispielsweise dann der Fall sein, wenn Laminate als "aktive Deckschicht" in einer Sandwichkonstruktion eingesetzt werden.

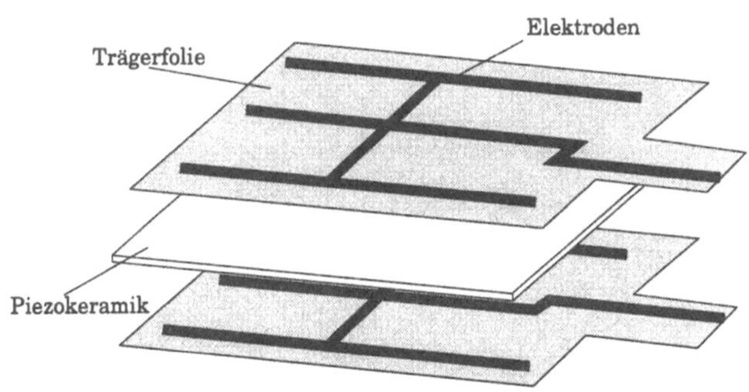

Bild 5.3. Vorgefertigtes Piezoelement mit Isolation und Verdrahtung

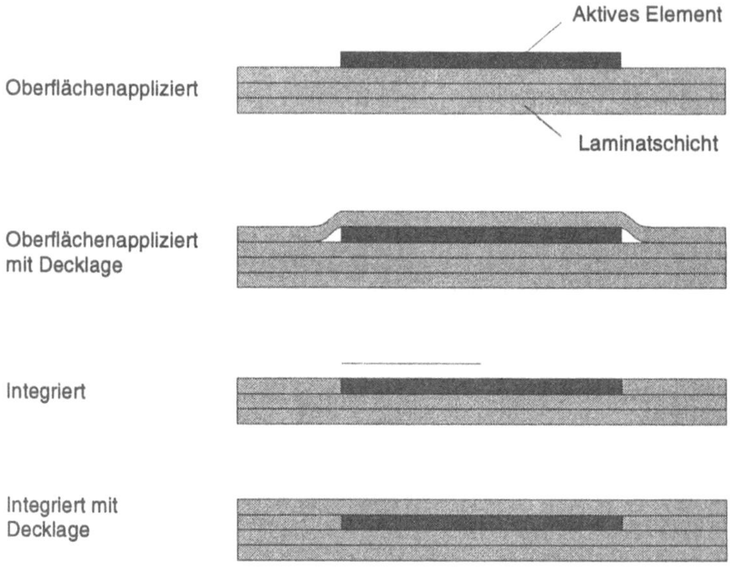

Bild 5.4. Integration aktiver Elemente in Laminaten

Im Gegensatz zu Glasfaserverbunden müssen bei Kohlefaserlaminaten sämtliche Piezoelemente und deren elektrische Anschlüsse isoliert werden, da die Kohlefaser selbst elektrisch leitend ist. Die Isolation kann entweder global durch durchgehende dünne Glasfaserschichten (Vliese) oder lokal an der Keramik und deren Anschlüssen durch die Kappselung mit Kaptonfolie erfolgen.

Bild 5.5 zeigt den typischen Temperatur- bzw. Druckzyklus eines Niedertemperaturharzsystems. Die Aushärtung erfolgt dabei in einem Härteofen, der das Anlegen ein Unterdruckes am Laminat ermöglicht. Das Laminat liegt zwischen zwei Druckplatten, die Verweilzeit im Ofen ist ca. 15 Stunden.

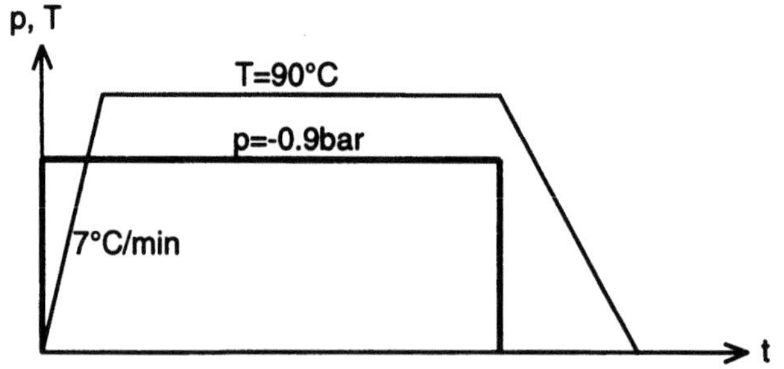

Bild 5.5. Härtezyklus eines Niedertemperaturharzsystems

Dies ist der Härtezyklus eines typischen Niedertemperatursystem.

Das problemlose Ablösen der Laminate von den Druckplatten ist bei Proben mit eingebetteten Piezokeramiken sehr wichtig, da schon relativ geringe Biegedeformationen, die für das Laminat nur eine geringe Beanspruchung darstellen, die spröden Piezokeramiken gefährden. Dazu ist der korrekte Einsatz von Trennmittel, das einen äusserst dünnen, monomolekularen Film auf der Oberfläche der Druckplatten bildet, notwendig. Die In-situ-Bauweise, d.h. die Verklebung von Laminat und Piezokeramiken im Ofen oder Autoklaven durch überschüssiges Harz des Prepregs, hat sich als sehr gut und reproduzierbarer Prozess erwiesen.

5.2.1.1 Die Integration von Leiterbahnen

Die Integration von Leiterbahnen in Laminaten darf die mechanischen Eigenschaften des Laminates, insbesondere die Festigkeit, nicht oder nur gering beeinflussen. Die Verwendung von leitendem Lack wie z.B. Silberfarbe zwischen den Laminatschichten führt zu Problemen während des Aushärteprozesses. Infolge des unvermeidbaren Harzflusses in der stark viskosen Phase, ist die Struktur der Leiterbahnen nicht reproduzierbar. Versuche haben gezeigt, dass sich die leitende Farbe stellenweise zu sehr vielen, kleinen Tröpfchen konzentriert, so dass die Funktion als Leiterbahn nicht mehr erfüllt wird. Leitlack kann höchstens auf Oberflächen bereits ausgehärteter Proben eingesetzt werden. Bessere Ergebnisse bringen Kupferband mit einer Dicke von ca. 25 μm, aus Aluminiumfolie zugeschnittene Leiterbahnen oder in Kapton-Film eingebettete Kupferstreifen.

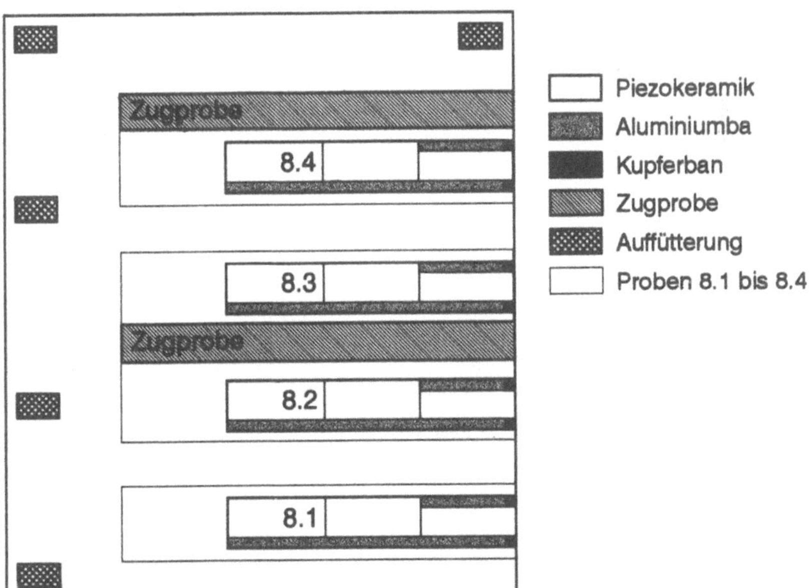

Bild 5.6. Prinzipieller Aufbau für unsymmetrische eingebettete Piezokeramiken

Letztere sind vor allem als isolierte Leiter für die Integration in kohlefaserverstärkte Kunststoffe notwendig. Der Vorteil der Aluminiumfolie ist neben der flexiblen Gestaltung der Leiterform ihre geringe Dicke von ca. 9 µm und der niedrige Preis.

Der Anschluss der Leiterbahnen an die Elektroden der Piezokeramiken kann im einfachsten Fall durch blosses Auflegen erfolgen. Im Bereich der Kontaktierung muss allerdings eine Abdeckung vorgesehen werden, damit kein Matrixmaterial zwischen Elektrode und Leiterbahn fliessen kann. Diese Bauweise hat sich als die einfachste und billigste aller möglichen erwiesen. Als Kontaktierung während des Herstellungsprozesses für die Piezoelemente kommt nur eine Leiterbahn mit definierter Form in Frage. Andere Kontaktierungen mit leitenden Farben bzw. Lacken oder leitenden Klebstoffen können erst nach dem Aushärten des Laminates eingesetzt werden.

5.2.1.2 Oberflächenqualität und Gleichmässigkeit der Laminatdicke

Die Oberflächenqualität der Laminate wird ganz entscheidend durch den Harzfluss vor bzw. während des Aushärteprozesses bestimmt. Übermässiger Harzfluss führt zu einer ungleichmässigen Dickenverteilung über die Bauteilfläche. Dickenvariationen sind auch durch eine ungleichmässiges Temperaturverteilungen am Bauteil erklärbar, wodurch örtlich unterschiedliche Harzviskositäten entstehen. Anzustreben ist also ein möglichst langsames Hochfahren der Temperatur im Ofen, um eine möglichst homogene Temperaturverteilung am Bauteil zu gewährleisten. Zudem sind geeignete Massnahmen zu treffen, um einen übermässigen Harzabfluss zu vermeiden. Durch das gezielt eingestellte Fliessen des Harzes können glatte und vollkommen ebene Oberflächen erreicht werden. Ferner lassen sich die aufgelegten Leiterbahnen und die Piezokeramiken auf diese Weise direkt ins Laminat integrieren.

5.2.1.3 Prinzipieller Aufbau zur Integration von aktiven Elementen an Bauteilproben

Zur Qualitätssicherung der gefertigten Laminate mit aktiven Elementen werden aus der unmittelbaren Umgebung der Keramiken Proben zur Durchführung von Zugversuchen entnommen. Um eine gleichbleibende Dicke über die gesamte Fläche zu gewährleisten, kann an verschiedenen Stellen mit Distanzblechen von derselben Dicke wie die der Piezokeramiken aufgefüttert werden. Bild 5.6 zeigt beispielhaft den prinzipiellen Aufbau von Laminaten für unsymmetrisch eingebettete Piezokeramiken. Bei der Verwendung von sehr dünnem Gewebe- oder UD-Prepreg mit einer nominellen Dicke von ca. 0.1 mm ist es zur Vermeidung von

Wellen bzw. Luftblasen erforderlich, die Druckplatten bzw. die Laminierform vor dem Auflegen zunächst auf etwa 40 bis 50°C vorzuwärmen.

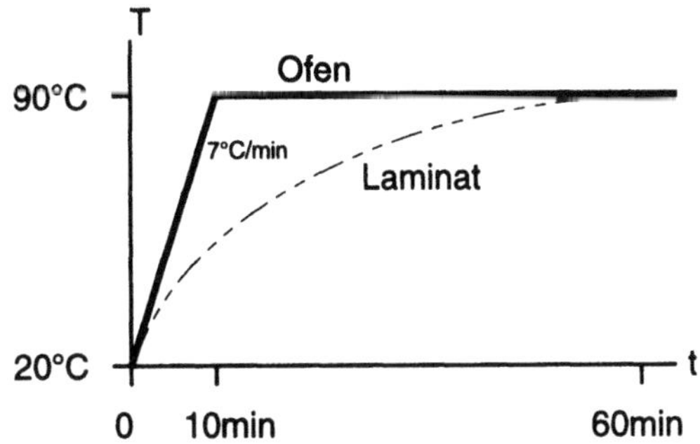

Bild 5.7. Umgebungstemperatur und Temperaturverlauf im Laminat

Das Auflegen von PVDF-Filmen bzw. Piezokeramiken muss mit grosser Sorgfalt und Präzision erfolgen. Einmal positionierte Elemente lassen sich kaum noch versetzen.

Eine zusätzliche Teflonschicht zur leichteren Entformung muss bei richtiger Anwendung von Trennmittel nicht vorgesehen werden. Wesentlich ist allerdings, dass übermässiger Harzabfluss vermieden wird. Dies kann mit Hilfe perforierter Teflonfolien, in die der ganze Laminataufbau samt Druckplatten eingewickelt wird, erreicht werden.

Die Haltetemperatur wird infolge der Wärmeisolation durch Matten zum Aufsaugen überschüssigen Harzes sowie der Wärmekapazität der Druckplatten am Laminat in der Regel erheblich später erreicht als im Autoklaven selbst. Aus diesem Grunde muss die vom Prepreghersteller angegebene Haltedauer entsprechend verlängert werden (Bild 5.7).

Kontrollmessungen bzgl. der Dickenverteilung über die Bauteilfäche zeigen die Wichtigkeit des kontrollierten Harzflusses während der Fertigung. In Bild 5.8 ist das Ergebniss einer solchen Kontrollmessung gezeigt. Es wurde im Abstand von jeweils 30 mm die Dicke in Probenmitte gemessen.

Die Abweichungen vom Nennmass kommen vor allem durch den Harzfluss während des Aushärtens zustande. An den Rändern von Keramiken mit der Dicke einer Laminatschicht (t=0.125 mm) ist durch die Kontaktierung mit Aluminiumstreifen zwar nicht mit einem Kurzschluss zu rechnen, wohl aber mit einer örtlichen elektrischen Depolarisierung. Durch den beim Aushärten aufgebrachten Druck können sich die Aluminiumstreifen um die Kanten legen. Dadurch wird in dieser Zone das elektrische Feld erhöht, unter Umständen über den zulässigen Maximalwert hinaus.

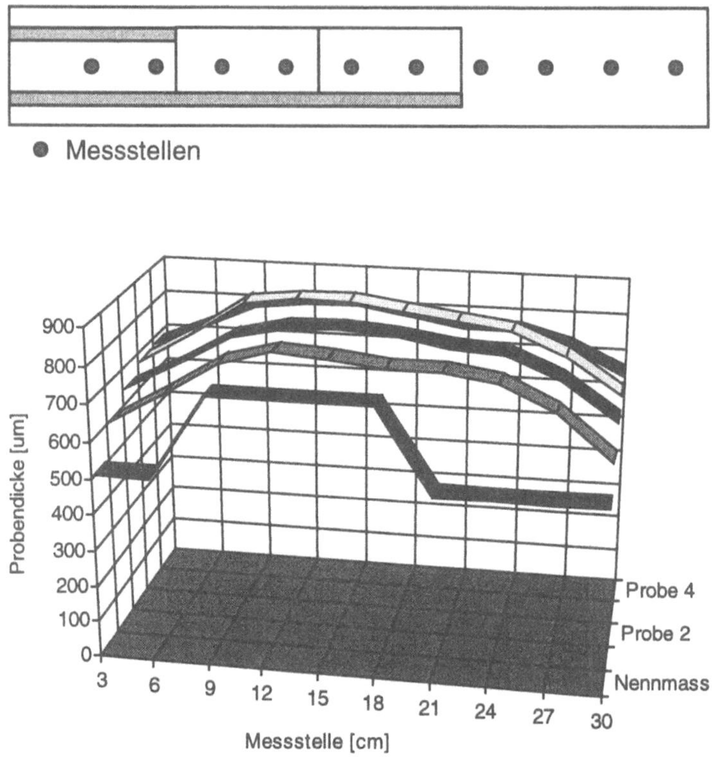

Bild 5.8. Gemessene Dickenverteilung zur Kontrolle des Harzflusses während der Fertigung

Abhilfe schafft hier die Isolation des Keramikrandes mit Hilfe eines hitzebeständigen Klebebandes. Dieses ist im Gegensatz zu isolierenden Lacken einfach zu applizieren und bleibt auch bei starkem Harzfluss an der vorgesehenen Position.

Eine verhältnismässig billige Methode zur Realisierung aktiver Laminate besteht durch die Verwendung konfektionierter Piezokeramiken. In Bild 5.9 ist ein solches Laminat gezeigt. Hier sind fünf PXE5-Piezokeramiken (Ø10 mm, Dicke 0.2 mm) in einem 2-lagigen Glasgewebe-Prepreg integriert. Die Keramiken sowie deren Anschlüsse aus Aluminiumfolie wurden lediglich aufgelegt. Das Aluminium zum Auflöten der Anschlusskabel wurde mit selbstklebenden Kupferband verstärkt. Ein weiterer Vorteil dieser Bauweise liegt in der Verwendung relativ kleiner Piezokeramiken.

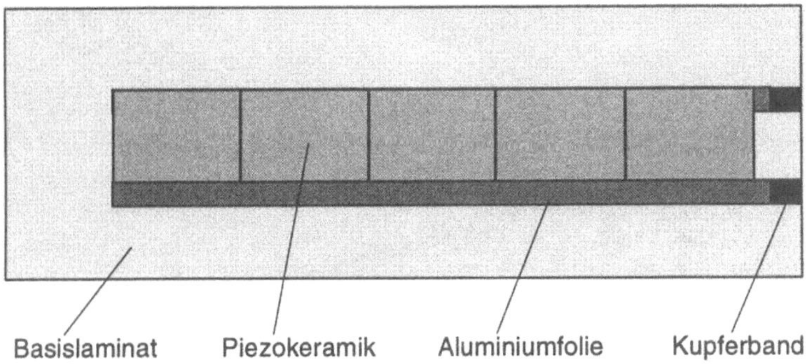

Durch die Unterteilung in viele kleine Abschnitte wird bei relativ grossen Deformationen die Belastung der Keramiken (infolge Biegung) reduziert. Ausserdem ist das Handling der kleinen Keramiken wesentlich einfacher.

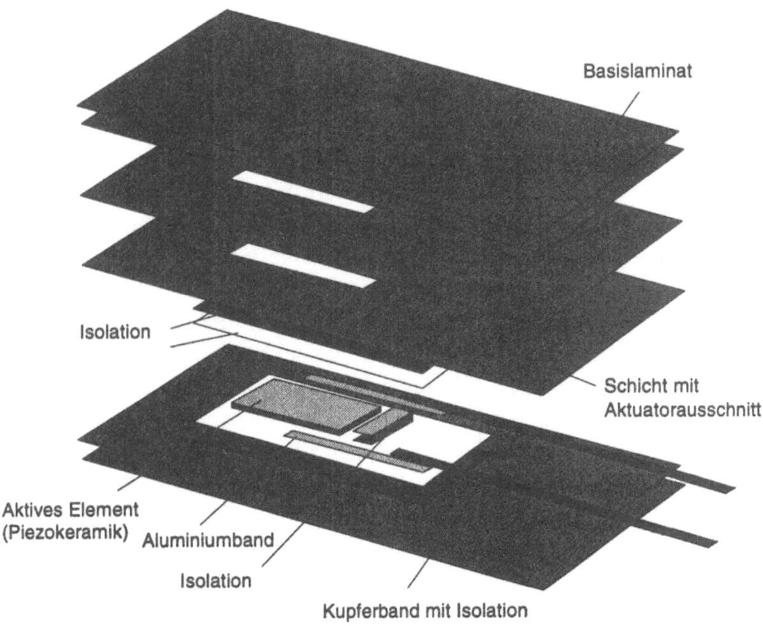

Bild 5.10. Prinzipieller Aufbau zur Integration von Piezokeramiken in kohlefaserverstärkten Kunststoffen

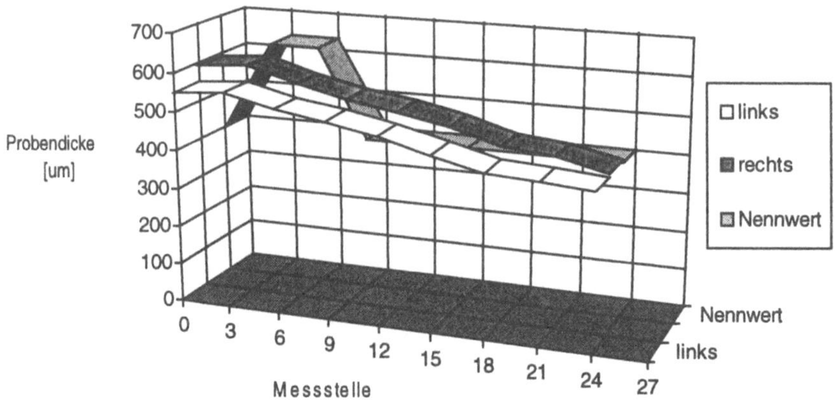

Bild 5.11. Dickenverteilung bei vollständig integrierte Piezokeramik

Bild 5.10 zeigt den Aufbau für vollständig eingebettete Piezokeramiken. Die Keramiken sind in das Laminat integriert. Eine Lage des Gewebeprepregs wird in der Grösse der Piezokeramiken ausgeschnitten.

Zusätzlich kann über der Keramik ein PVDF-Film angebracht werden. Mit dieser Anordnung können Regelkreise aufgebaut werden, in denen die Keramik als Aktuator und der Film als Sensor wirken. Die gemessenen Dickenverteilungen dieser Probenform ist Bild 5.11 zu entnehmen.

In einer weiteren Bauweise werden die Keramiken durch eine umgebende Auffütterungen am Eindrücken in das Laminat gehindert. Gleichzeitig werden sie mit einem Decklaminat geschützt. Die bisher dargestellten Bauweisen lassen jeweils nur eine dieser Forderungen zu. Es ist eine flächendeckende Auffütterung mit der Dicke der Keramiken über die gesamte Fläche des Decklaminats vorzusehen. Gleichzeitig wird mittels mehrerer Lagen des Kupferbleches in den vier Ecken der Druckplatten der Abstand eingestellt, um eine konstante Laminatdicke zu erhalten. Dabei muss jedoch darauf geachtet werden, dass zwischen Keramik und Auffütterung genügend Freiraum im Hinblick auf Thermaldehnungen bleibt (Bild 5.12).

Zusammenfassend können folgende Schlussfolgerungen zur der Integration von Piezokeramiken in Laminaten getroffen werden:

- Das gleichzeitige Aushärten des Laminates und Verkleben mit Piezokeramiken, -filmen, Leiterbahnen und anderen Elementen im Ofen oder Autoklaven bringt die besten Resultate.

- Die Integration von Keramiken erfordert nicht unbedingt eine Modifikation am Laminataufbau wie z.B. Aussparungen. Der während des Aushärtens auftretende Harzfluss gleicht Dickenunterschiede weitgehend aus.
- Die zur Integration von Piezokeramiken in GFK-Laminate geeignetste Bauweise hängt je nach Anwendung davon ab, ob das Element auf, in oder unter der Laminatoberfläche liegen soll. Soll eine Keramik auf einem Laminat liegen, ist eine flächendeckende Auffütterung mit Teflongewebe empfehlenswert. Auf diese Weise wird maximale Biegung erzielt, doch bleibt die Keramik ungeschützt. Besteht hingegen das Ziel im Aufbringen einer Dehnung ohne Biegung, soll die Keramik in der Laminatmitte liegen

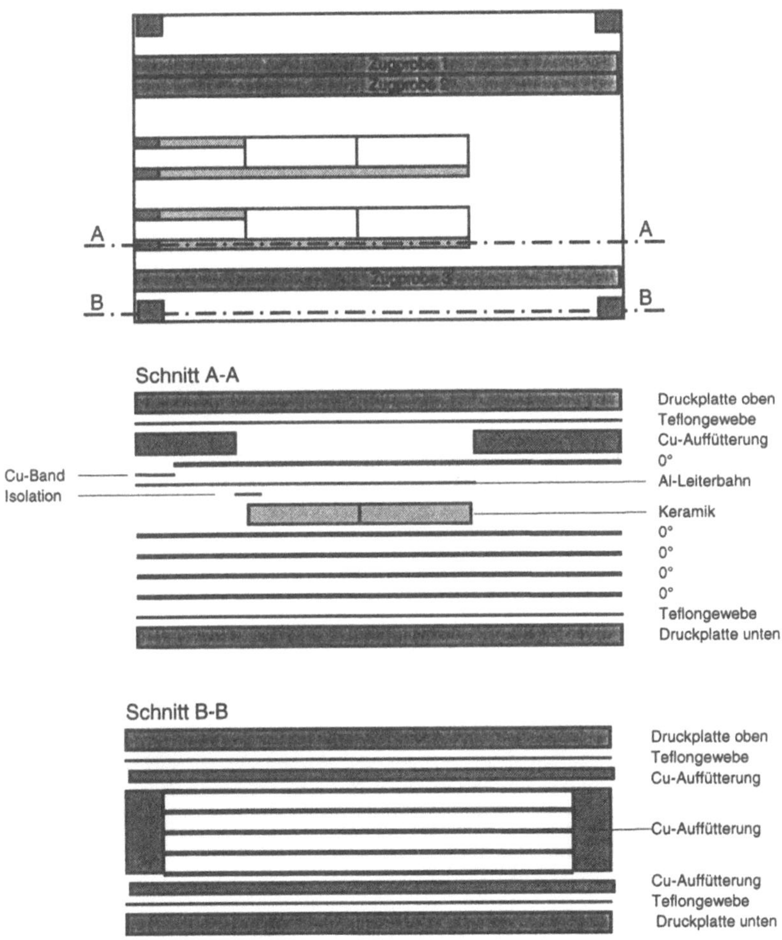

Bild 5.12. Bauweise zum definierten Auflegen bei unsymmetrischem Aufbau

- In diesem Fall sind Aussparungen aus einer oder mehreren Laminatlagen nicht notwendig, solange die Dicke einer Keramik deutlich unter der Laminatdicke liegt. Wird die Keramik vor dem Aushärten lediglich aufgelegt, wird sie durch den aufgebrachten Druck in das Laminat eingedrückt. Je nach Bauweise ergeben sich dabei mehr oder weniger gleichmässige Verteilungen des Faservolumengehaltes und des E-Moduls.Die für Verklebungen von Keramiken erforderliche Anpresskraft muss absolut gleichmässig auf die Keramik verteilt werden. Schon geringste Abweichungen (Cu-Leiterbahnen) führen zum Bruch, unabhängig davon, ob die Verklebung während oder nach dem Aushärten des Laminates erfolgt.
- Eine unterschiedliche Laminatqualität infolge Dickenvariationen bei gleichem Laminataufbau ergeben enorme Schwankungen im Elastizitätsmodul. Die Messungen des E-Moduls bestätigen die Mischungsregel gut. Unterschiedliche Faservolumengehalte ergeben sich aus folgenden Gründen:
  - Zwischen einzelnen Proben: durch unterschiedliche Aushärtebedingungen und aufgrund von Massnahmen, die zur Vermeidung eines übermässigen Harzabflusses getroffen werden,
  - Innerhalb einer Probe: je nach Lage der Probe auf der Druckplatte (je näher am Rand, desto grösser wird durch Harzverlust der Faservolumenanteil); je nach Aushärtebedingungen, insbesondere beim Hochfahren der Temperatur; wo Piezoelemente aufgelegt, aber nicht durch Negativformen am Eindrücken ins Laminat gehindert werden, steigt der Faservolumengehalt ebenfalls beträchtlich.
- Bezüglich der Kontaktierung bewährt sich die Ausführung mit der aufgelegten Aluminiumfolie am besten. Zusätzliches Verkleben ist nicht nicht notwendig. Solange ein Aktuator nicht dynamisch betrieben wird, spielt die elektrische Leitfähigkeit der Kontaktierung keine Rolle. Um die Keramiken beim Anlegen einer hohen Spannung zu schonen und mechanische Einschwingvorgänge zu vermeiden (die ihrerseits wieder den Keramiken ggf. Schaden zufügen), empfiehlt sich eine relativ hochohmige Kontaktierung durch einen zusätzlich eingefügten ohm'schen Widerstand. Dadurch wird nur die Geschwindigkeit einer Verformungsänderung vermindert, nicht aber die Endverformung selbst. Zum Auflöten von Anschlusslitzen eignet sich selbstklebendes Kupferband, das vor dem Aushärten auf die entsprechende Stelle der Aluminium-Leiterbahn geklebt werden muss.
- Es muss an den Rändern von Keramiken und Filmen eine Isolation im Bereich der Kontaktierungen vorgesehen werden. Bei der Verwendung von GFK-Laminaten treten keine weiteren Isolationsprobleme auf. CFK-Laminate erfordern hingegen eine lückenlose Isolation von Keramik und Kontaktierung.
- Unterschiedliche Wärmeausdehnungskoeffizienten von Laminat und Keramik führen beim Abkühlen einer ausgehärteten Probe zu einer konvexen Krümmung der die Keramik enthaltenden Oberfläche, was eine mechanische Vorspannung der Keramik zur Folge hat. Die Aushärtetemperaturen sollten also auch aus diesem Grund möglichst tief gehalten werden.

5.2.2 Integration von Piezokeramiken in faserverstärkten Thermoplasten

Faserverstärkte Thermoplaste haben verglichen mit faserverstärkten Duromeren spezifische Vorteile. Es bietet sich deshalb an, aktive Werkstoffe direkt in faserverstärkte Thermoplaste zu integrieren. Infolge der hohen Prozess-temperaturen von bis zu ca. 400° C ist jedoch die thermische Depolarisierung der Piezokeramiken (siehe Kapitel 2) unvermeidlich. Aus diesem Grunde sind Untersuchungen notwendig, die anhand von Probenkörpern den Einfluss des Fertigungsprozesses auf die elektromechanischen Eigenschaften der Keramiken klären.

Unter den vielfältigen Fertigungsverfahren wurde deshalb zunächst der Umformprozess in einer Vakuumumformmaschine (Diaphragma) ausgewählt. Der Besondere Vorteil liegt darin, dass die Gefahr einer Beschädigung der Piezokeramiken durch harte Formen verhindert wird, da ein hydrostatischer Druck auf das Gesamtgelege abgesetzt wird. Neben der thermischen Beanspruchung werden die Keramiken in der Konsolidierungsphase gleichzeitig einer Druckbeanspruchung von ca. 3 bar ausgesetzt (Bild 5.13).

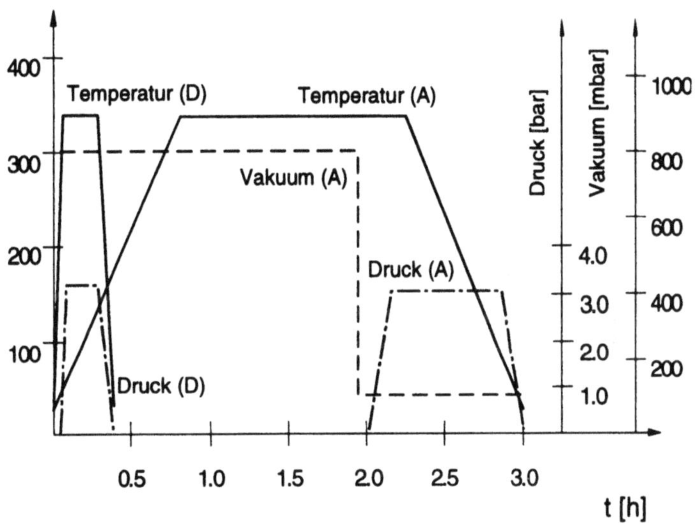

Bild 5.13. Temperatur- und Druckverlauf in der Heisspresse für den Autoklav- und Diaphragma-Prozess (D: Diaphragmaprozess, A: Autoklavprozess)

Bei dem verwendeten Prepregs handelt es sich um den faserverstärktes Polyetherimid, wobei als Verstärkungsfasern sowohl Glas- als auch Kohlefasern verwendet werden. Der Lagenaufbau des Laminates einschliesslich der elektrischen Anschlüsse sowie Isolierung wird in Bild 5.14 gezeigt. Interessant an dieser Bauweise ist, dass die elektrische Leitfähigkeit der Kohlefaser ausgenutzt wird.

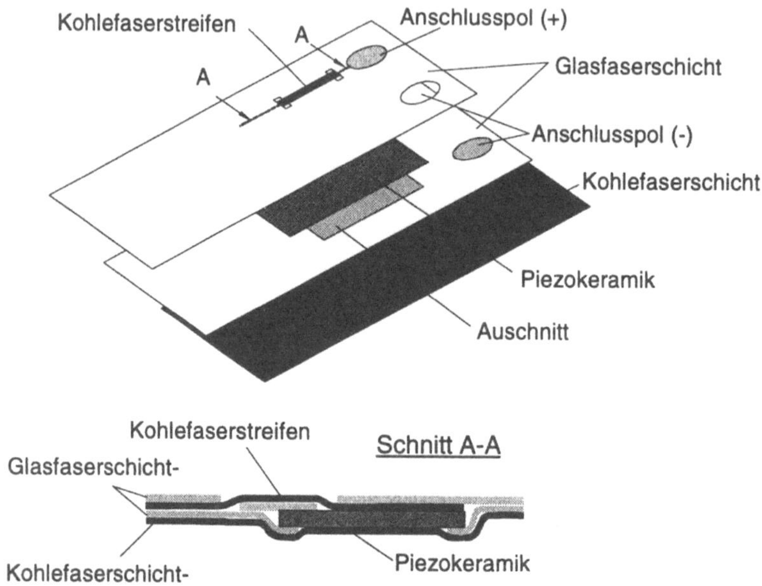

Bild 5.14. Isolierung der Piezokeramik und der elektrischen Anschlüsse

Um Brüche in der Keramik zu vermeiden, darf sie zu keinem Zeitpunkt des Fertigungsablaufes einer Biegebelastung ausgesetzt sein. Aus diesem Grunde sind entsprechend der Dicke der Keramik Ausschnitte im Trägerlaminat vorzusehen. Ferner muss auch hier die Kontaktierung mit einem möglichst dünnen Leiter realisiert werden. Es können dazu Leiterbahnen aus kohlefaserverstärktem Kunststoff verwendet werden, da die elektrische Leitfähigkeit ausreichend ist. Mit dieser Lösung wird eine sehr gute strukturmechanische Kompatibilität der gepaarten Werkstoffe erreicht. Messungen zeigen, dass bereits Kohlefasern vom Typ «Intermediate» wie zum Beispiel der Fasertyp IM8 elektrische Widerstände von ca. 50 Ω aufweisen. Bild 5.18 zeigt Schliffbilder zu dieser Bauweise. Einerseits ist die gute Kontaktierung mit den Kohlefaserstreifen ersichtlich. Anderseits zeigt sich aber auch, dass an den Enden der Piezokeramiken Harzanhäufungen auftreten können. Dies muss jedoch nicht von Nachteil sein, da die verhältnismässig weiche Matrix Spannungspitzen abbaut.

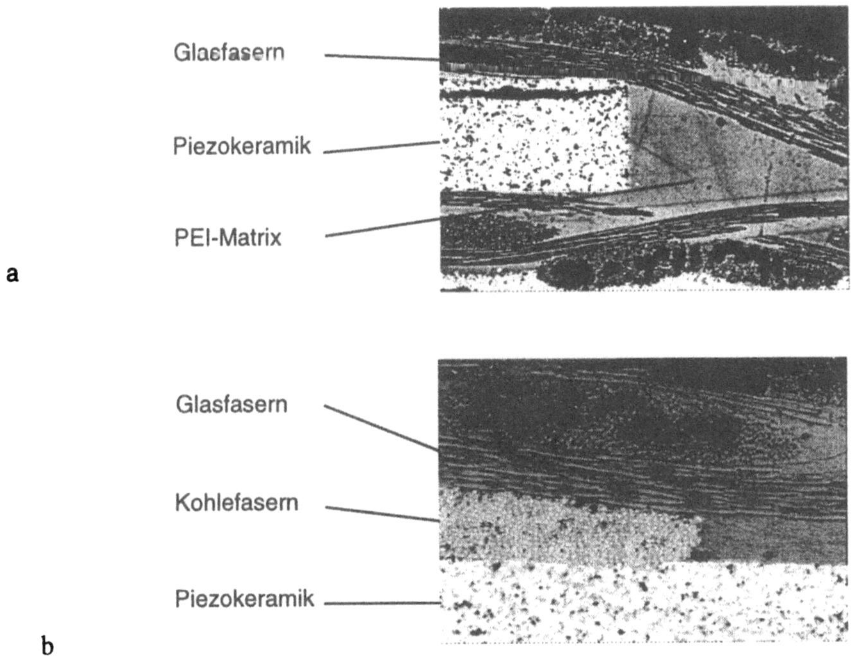

Bild 5.15. Schliffbilder der integrierten Keramik mit a Vergrösserungsfaktor 5 und b Vergrösserungsfaktor 10

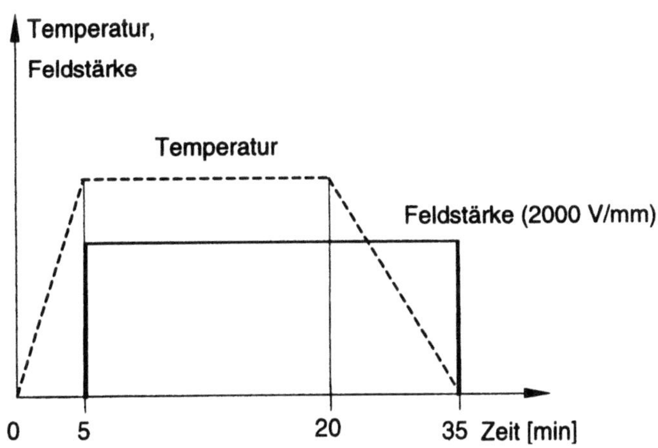

Bild 5.16. Eckdaten des Repolarisationsprozesses [5.5]

In Bild 5.16 wird der zeitliche Ablauf des Repolarisationsprozesses schematisch dargestellt. Die aktive Struktur wird bis ca. 5° C unter der Curietemperatur in einem Silikonölbad aufgeheizt. Nach Erreichen der Temperatur wird eine genügend grosse Feldstärke angelegt, die zum Erzielen der Sättigungspolarisation in der Keramik erforderlich ist. Nach einer Haltezeit wird die Struktur mit nach wie vor angelegten Feld bis auf Raumtemperatur abgekühlt. Erst dann wird das Feld entfernt.

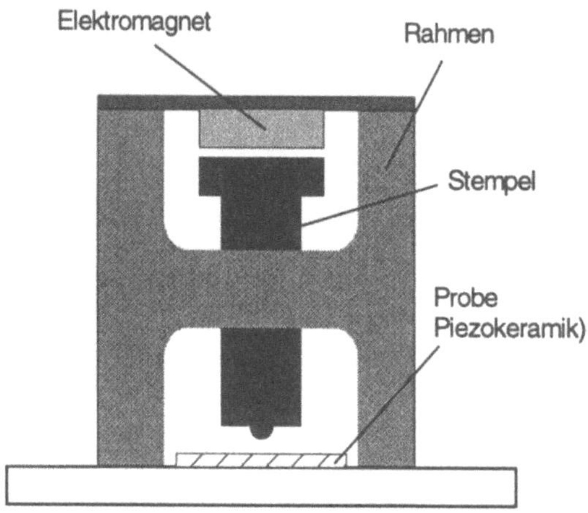

a

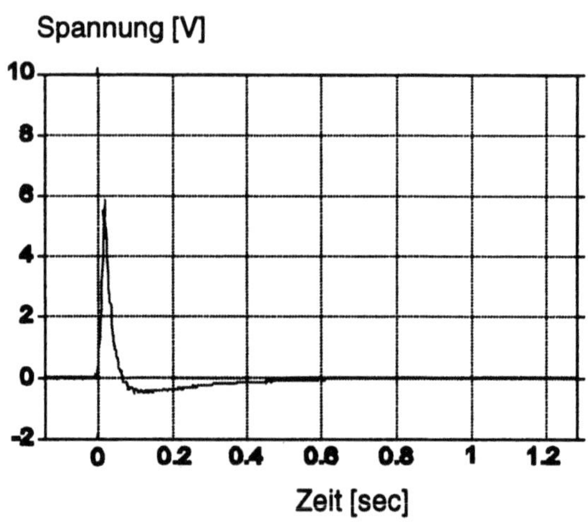

b

Bild 5.17. a Prüfvorrichtung zur Bestimmung des Polarisationszustandes der Keramik, b Typischer Signalverlauf bei stossartiger Belastung der Keramik

Nach dem Herstellungsprozess muss die Effektivität der Keramik festgestellt werden. Der Grad der Polarisation in der Keramik im Neuzustand, nach der Fertigung und Repolarisierung muss quantifiziert werden. Dazu kann eine einfache Prüfvorrichtung wie in Bild 5.17 gezeigt benutzt werden.
Der Prüfkörper wird mit der bekannten Kraft F im Bereich der Piezokeramik belastet, wodurch infolge der mechanischen Beanspruchung elektrische Ladungen in der Keramik erzeugt werden. Die abgegebene Ladung ist proportional zur Polarisation der Keramik (siehe Kapitel 2). Die erzeugte Ladung wird mit Hilfe eines Ladungsverstärkers und eines Oszilloskops ausgewertet.

Es zeigt sich, dass die Randbedingungen einen erheblichen Einfluss auf die Repolarisierung der Keramiken haben. Infolge der Verarbeitunsgtemperaturen werden die Keramiken so gut wie vollständig deporalisiert. Die freie, d.h. nicht eingebette Keramik lässt sich wieder vollständig polarisieren, die piezolektrsichen Eigenschaften lassen sich wiederherstellen. Bei der eingebetteten Keramik wird die Deformation während des Polarisierungsprozesses jedoch durch die Steifigkeit des umgebenden Materials (faserverstärkter Kunststoff) behindert. Die Konsequenz ist ein deutlich geringerer Neupolarisierungsfaktor, der etwa ein Zehntel der freien Keramik ist (Bild 5.21). Der Neupolarisierungsfaktor ist definiert als das Verhältnis der gemessen Spannungen vor und nach dem Polarisierungsprozess.

Ein weiteren Einfluss auf die Repolariserung von Piezokeramiken hat neben der Feldstärke auch die Temperatur, bei der der Prozess durchgeführt wird (Bild 5.22). Wird eine Temperatur unterhalb , aber in der Nähe der Curietemperatur gewählt, wird die Ausrichtung der Dipole wesentlich erleichtert. Gleichzeitig kann die elektrische Feldstärke reduziert werden, wodurch die Gefahr des Kurzschlusses reduziert wird.

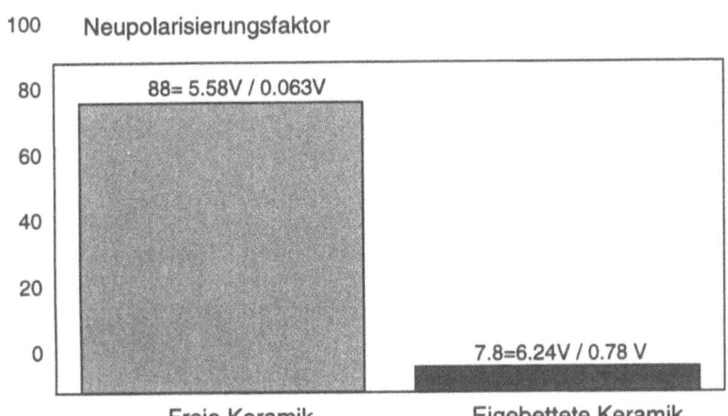

Bild 5.18. Polarisationszustände der Piezokeramiken für den freien und eingebetteten Zustand

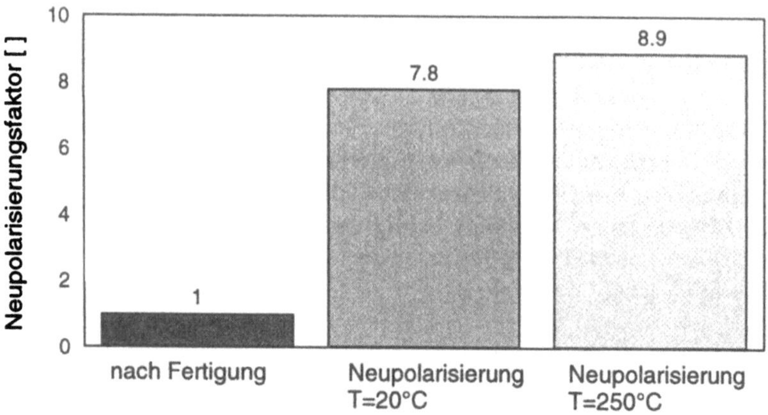

Bild 5.19. Einfluss der Umgebungsbedingungen auf die Polarisierung

Die Messungen belegen die Depolarisierung der Keramiken. Mit der gewählten Repolarisierungsmethode können für nicht eingebettete Keramiken vergleichbare Eigenschaften wie im Neuzustand erzielt werden.

Es hat sich damit bestätigt, dass die direkte Einbettung von Piezokeramiken auch in Thermoplasten mit Verarbeitungstemperaturen höher als die Curietemperatur möglich ist.

5.3 Spannungsreduktion und Verbesserung der Aktuatoreffizienz durch konstruktive Massnahmen

Bei der Aufklebung flächiger Piezokeramiken auf die Oberfläche von Konstruktionen können beträchtliche Spannungskonzentrationen in der Klebeschicht zwischen Aktuator und Struktur auftreten. In Anlehnung an die klassische Berechnung von Klebeverbindung können erste Aussagen über die massgeblichen Einflussparameter bezüglich der maximalen Schubspannung in der Klebschicht gemacht werden.

Zur Verklebung mit Bauteilen aus faserverstärkten Kunststoffen kann entweder überschüssiges Harz des Prepregs bei der in-situ Verklebung oder das entsprechende Harzsystem für die nachträgliche Verklebung verwendet werden. Anhaltswerte der massgeblichen Materialeigenschaften warm- und kalt aushärtender Kleber sind Tabelle 5.4 zu entnehmen.
Die Verklebung der Fügeteile erfolgt durch Adhäsion. Deshalb ist die Beschaffenheit der Oberflächen für die Qualität der Verklebung von grosser Bedeutung.

Unter der Annahme, dass der Kleber nur auf Schub beansprucht wird und sich linear elastisch verhält, kann der Schubspannungsverlauf in der Klebeschicht formelmässig angegeben werden [5.6]. τ_m bezeichnet die mittlere Schubspannung, die sich in erster Näherung aus dem Verhältnis der Belastung und der Klebefläche ergibt.

$$\frac{\tau(x)}{\tau_m} = \frac{\kappa}{2}\left[\frac{\cosh\left(\frac{\kappa\ x}{L}\right)}{\sinh\left(\frac{\kappa}{2}\right)} - \frac{1-\psi}{1+\psi}\,\frac{\sinh\left(\frac{\kappa\ x}{L}\right)}{\cosh\left(\frac{\kappa}{2}\right)}\right] \tag{5.1}$$

mit dem Verhältnis der Dehnsteifigkeiten der Struktur (1) und des Aktuators (2)

$$\psi = \frac{E_1 t_1}{E_2 t_2} \tag{5.2}$$

und dem Kennwert κ

$$\kappa = \sqrt{(1+\psi)\frac{G_{Kl} L^2}{E_1 t_1 h}} \tag{5.3}$$

Tabelle 5.4 Typische Steifigkeits- und Festigkeitskennwerte von Klebstoffen

Kleber	ν_{KL}	E_{KL} [MPa]	G_{KL} [MPa]	σ_{BKL} [MPa]
warmhärtend	0.38 - 0.4	3000 - 4200	900 - 1500	50 - 80
kalthärtend	0.38 - 0.4	1500 - 2500	550 - 950	25 - 45

Dieser Kennwert beinhaltet im wesentlichen den Schubmodul der Klebeschicht G_{KL}, die Länge der Klebeschicht L sowie deren Dicke h. Der Maximalwert der Schubspannnung wird jeweils an den Rändern bei x=L/2 bzw. x=-L/2 erreicht. Der Schubspannungsverlauf ist für gleiche Dehnsteifigkeiten von Aktuator und Struktur (d.h. $\psi = 1$) symmetrisch. Für steigende Werte von κ, d.h. mit zunehmender Schubsteifigkeit der Klebschicht oder abnehmender Klebeschichtdicke steigt die Schubspannung stark an. Das Versagen einer Klebeverbindung tritt ein, wenn die Schubspannungsspitze τ_{max} die Kleberfestigkeit $\sigma_{BKL} = \sigma_B / 15$[1] überschreitet.

Eines der grössten Probleme mit aufgeklebten Aktuatoren sind die sehr hohen Spannungsspitzen im Übergangsbereich zur Klebeschicht. Diese Spannungsgradienten leiten zusammen mit der Deformation senkrecht zur Klebeschicht die Schädigung der Klebung ein. Damit kann die Strukturintegrität erheblich beeinträchtigt werden.

Konstruktive Massnahmen können dieses Problem zumindest entschärfen und gleichzeitig die Effektivität der Aktuatoren erhöhen. Um die Auswirkung geeigneter Massnahmen unter Berücksichtigung des realen Deformationsverhaltens zu quantifizieren, bietet sich die numerische Modellierung mit Hilfe der finite Elemente Methode an. Dabei werden induzierten Dehnungen des Aktuators mit Hilfe des Wärmedehnungsgesetzes simuliert:

$$\frac{\Delta L}{L} = \frac{V}{t_a} d_{31} = \alpha_X \Delta T \tag{5.4}$$

wobei L und ΔL die Ausgangslänge und die Längenänderung des Aktuators in x-Richtung (Längsrichtung des Aktuators), V die elektrische Spannung, t_a die Aktuatordicke, α_x den äquivalente Wärmeausdehnungskoeffizient in x-Richtung und ΔT die Temperaturdifferenz bezeichnen. Entsprechendes gilt für die Dickenrichtung des Aktuators, wobei dort jedoch die Ladungskonstante d_{33} berücksichtigt werden muss.

Das Bezugsmodell, das den Ausgangszustand der Strukturkonfiguration beschreibt, ist in Bild 5.20 zu sehen.

[1] Dies ist ein Erfahrungswert aus der Praxis.

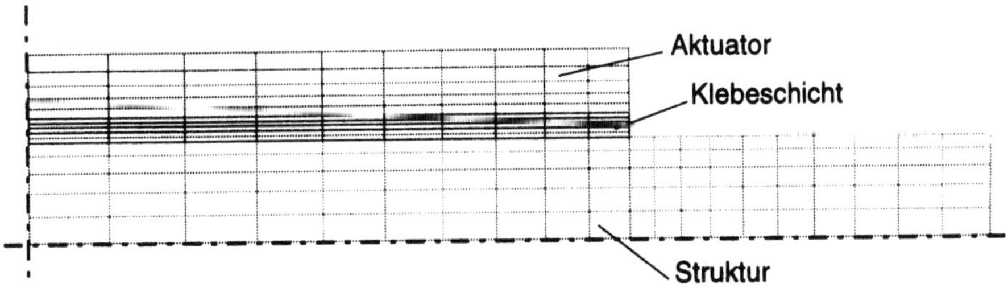

Bild 5.20. Ausgangsmodell der Strukturkonfiguration Aktuator/ Klebeschicht/ Basisstruktur

Aufgrund der Geometrie (d.h. Symmetrie) und der Belastung reicht für alle betrachteten Deformationszustände ein Viertelmodell aus. Die Randbedingungen lassen eine unbehinderte Verformung der Struktur zu. Bezüglich der Spannungen sind besonders die Interfaces zwischen Aktuator/ Klebeschicht und Klebeschicht/ Basisstruktur von Interesse. Aus diesem Grunde wurde die Netztopologie in diesen Bereichen angepasst. Ferner wurde die Elementgrösse zum freien Ende hin verfeinert.

Bild 5.21 verdeutlicht die Problematik des einfach aufgeklebten Aktuators für den Fall der Kontraktion. Der Aktuator leitet nicht nur Schub in die Klebschicht ein, sondern infolge der Unsymmetrie verformt er sich auch in Y-Richtung. Damit werden Schälspannungen σ_y in der Klebeschicht erzeugt.

Je nach Steifigkeitsverhältnissen (d.h. Elastizitätsmoduln) der einzelnen Komponenten sind die grössten Spannungen in der Klebeschicht entweder in der Nähe des Aktuators oder der Basisstruktur am freien Rand. Bild 5.22 zeigt die Normalspannungen in Y-Richtung eines aufgeklebten Aktuators. Die Spannungen sind nur über Bereiche gleichen Materials gemittelt.

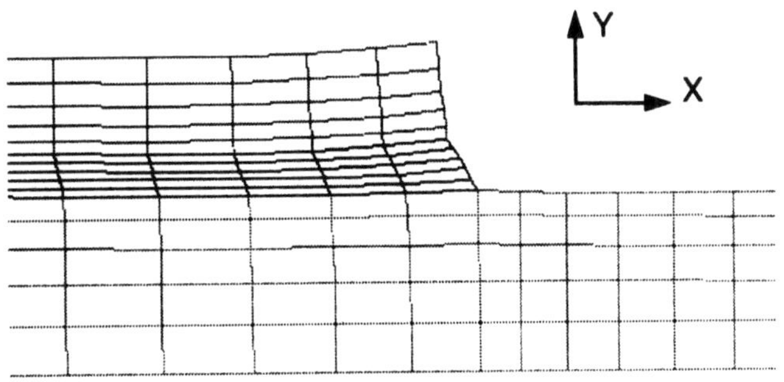

Bild 5.21. Deformierter Zustand (kontrahierender Aktuator, Ausdehnungsfall)

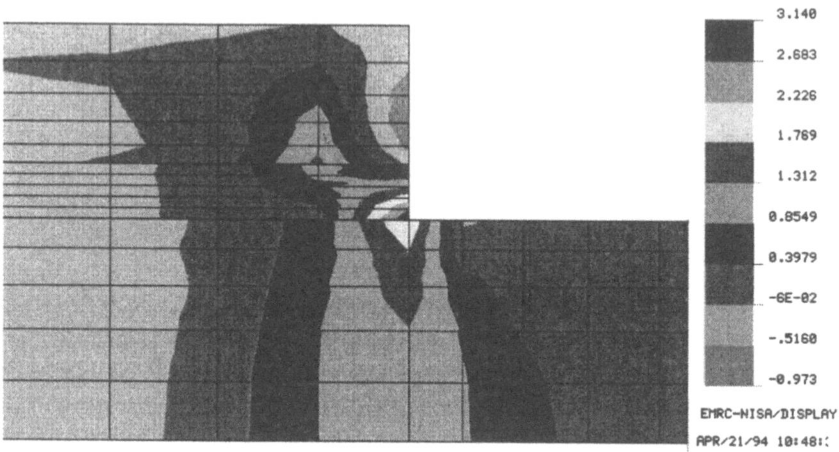

Bild 5.22. Normalspannungen in Y-Richtung (gemittelte über Bereiche gleichen Materials)

5.3.1 Konstruktive Massnahmen zur Spannungsreduktion

Einige Möglichkeiten zur Reduktion der Beanspruchung in der Klebeschicht werden in Bild 5.23 dargestellt. In Lösung 1 und 2 wird durch Modifikation der Elektroden eine Verbesserung zu erreichen versucht. Die elektrisch leitenden Elektroden müssen zur Polarisierung der Piezokeramiken aufbracht werden. Werden die Oberflächen der Piezokeramiken nur partiell mit Elektroden versehen, wird bei Anlegen des elektrischen Feldes nur der von den Elektroden bedeckte Bereich aktiviert. Es wird somit ein "weicherer" Übergang bezüglich der Dehnungen erreicht. In Lösung 1 wird dazu die Piezokeramik mit beiseitig partiellen Elektroden, in Lösung 2 mit einer einseitig partiellen Elektrode versehen.

Eine weitere Möglichkeit ist, ähnlich wie bei Klebeverbindungen (z.B. Aufleimer bei Zugproben) eine Schäftung des Aktuators (Lösung 3). Damit kann quasi eine gelichmässigere Dehnungseinleitung erfolgen. Da die Piezokeramiken jedoch in der Regel nur relativ kleine Dicken von ca. 0.2 bis 0.3 mm haben, kommt als Schäftungswinkel aus fertigungstechnischen Gründen nur ein Winkel von 45° in Frage. Allerdings scheint diese Lösung trotzdem wenig praktikabel.
Lösung 4 und 5 versuchen, durch zusätzliche Kappen eine Spannungsreduktion zu erreichen. In Lösung 5 wird eine durchgehende Kappe gezeigt. Vergleichbar mit dieser Lösung ist der vollständig integrierte Aktuator. Zu beachten ist jedoch, dass zwischen den Kappen und dem Aktuator in lateraler Richtung einer Fuge ist, wodurch keine direkte Dehnungsbehinderung in dieser Richtung auftritt.

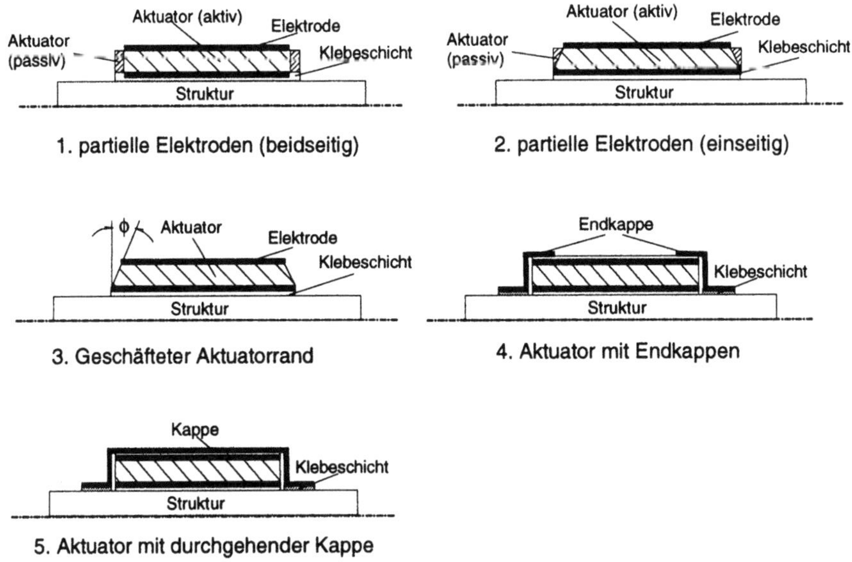

Bild 5.24. Konstruktive Massnahmen zur Spannungsreduktion

Der Vorteil der Endkappen (Lösung 4) ist nur eine geringere Erhöhung der Gesamtsteifigkeit der Struktur verglichen mit Lösung 5. Für beide Versionen ergibt sich der Vorteil einer effektiveren Dehnung, da infolge der Dehnungsbehinderung in Z-Richtung (senkrecht zur Aktuatoroberfläche) über die Querkontraktion die Aktuationsdehnung in dieser Richtung in die laterale Richtung «umgeleitet» wird.

Die Keramiken mit partiellen Elektroden zeigen erwartungsgemäss mit abnehmender Elektrodenfläche die grössten Spannungsreduktionen. Gleicher-massen ergibt sich jedoch eine infolge der geringeren Elektrodenfläche kleinere aktivierte Keramikfläche. Es tritt als erheblicher Nachteil eine Verringerung der induzierten Dehnung ein. Die Verkleinerung der Elektrodenfläche auf 87% ergibt eine Reduktion der Maximalspannung von ca. 80% im Biegefall für die Normalspannungen in X- und Y-Richtung. Die Dehnungsabnahme verglichen mit der komplett eletrodisierten Keramik ist ca. 6.0 %. Der Vergleich beider Varianten mit partiellen Elektroden zeigt eindeutig, dass die beidseitig partiellen Elektroden zu erheblich kleineren Deformationen führen. Das Modell mit den geschäfteten Kanten erbringt verglichen mit den anderen konstruktiven Lösungen eine geringere Abnahme der Maximalspannungen (ca. -18% für σ_y im Dehnungsfall). Allerdings wird ebenso wie bei den Lösungen 1 und 2 die Gesamtsteifigkeit nicht verändert. Es muss jedoch nochmals betont werden, dass aus fertigungstechnischen Gründen diese Lösung sehr aufwendig ist.

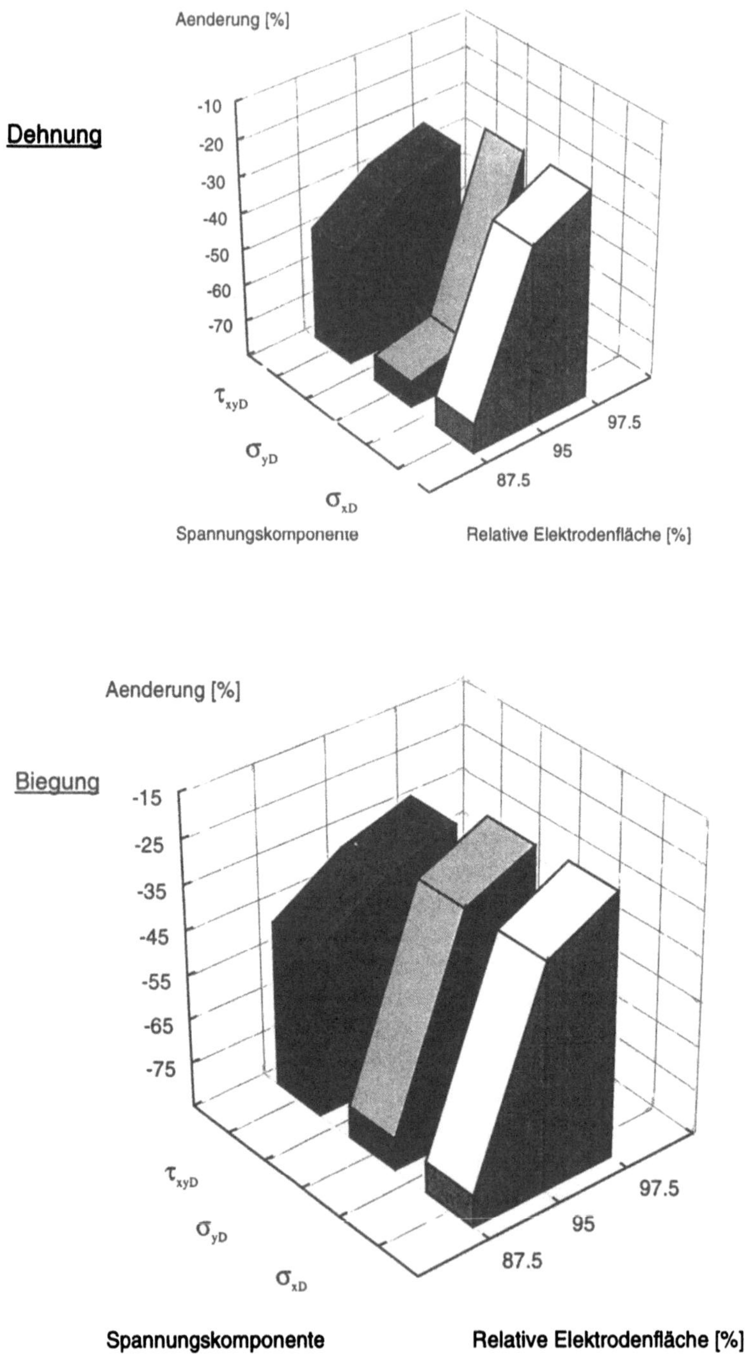

Bild 5.25. Spannungsänderung bei beiseitig partieller Elektrode

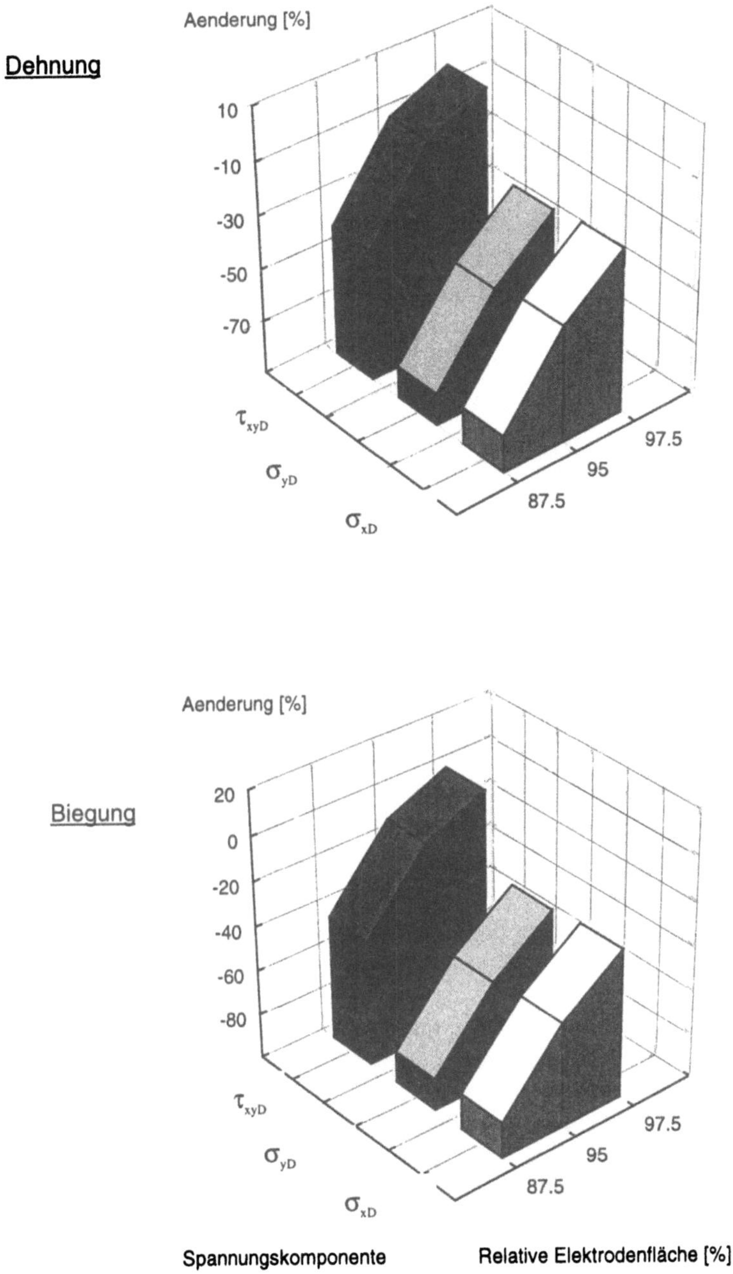

Bild 5.26. Spannungsänderung bei einseitig partieller Elektrode

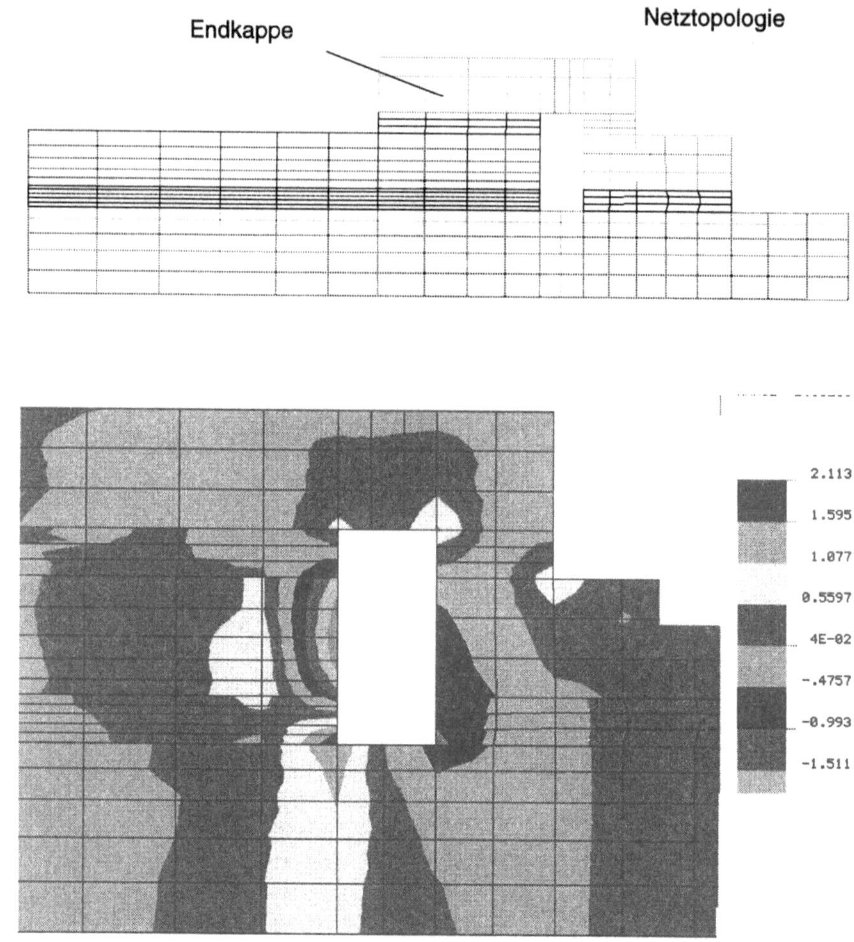

Bild 5.27. Normalspannungen in Y-Richtung - Endkappenkonfiguration

Die grösste Reduzierung der Spannungsspitzen erreichen die Lösungen mit den gekapselten Aktuatoren. Die Endkappen zeigen die besten Resultate, da bei gleichzeitiger Reduzierung der Spannungsspitzen (max. ca. -75%) die Dehnungseffektivität erhöht wird (max. ca. 4%). Die durchgehende Kapselung erreicht ähnliche Spannungsreduktionen, allerdings mit dem Nachteil der verminderten Dehnungseffektivität (max ca. -30%). Damit scheidet diese Lösung für die praktische Nutzung aus.

Bezüglich der Verbesserung durch Endkappen spielt deren Steifigkeit im Vergleich zu derjenigen der Struktur eine wesentliche Rolle. Aus diesem Grunde sind in den Bild 5.28 bzw. Bild 5.29 die erreichbaren Spannungsreduktionen sowie die Änderung der Verformung als Funktion der Dehnsteifigkeit $E_k \cdot t_k$ aufgetragen.

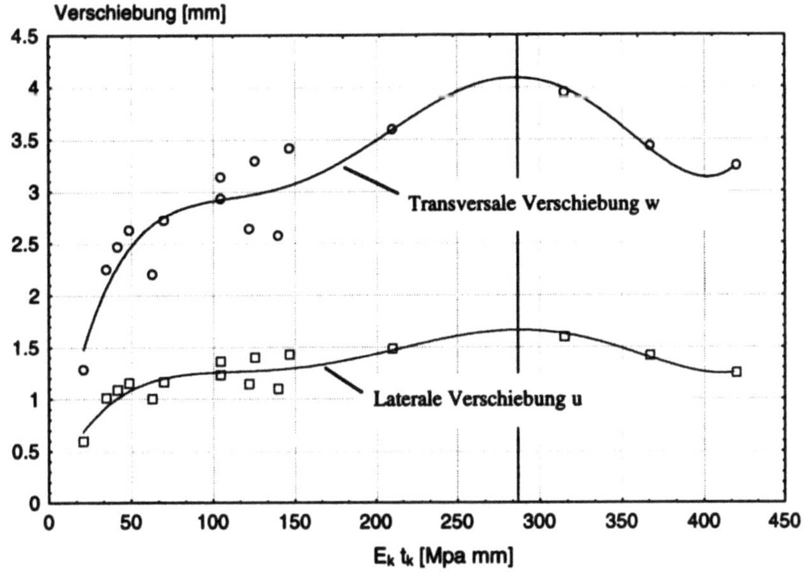

Bild 5.28. Dehnungsänderung infolge Endkappen

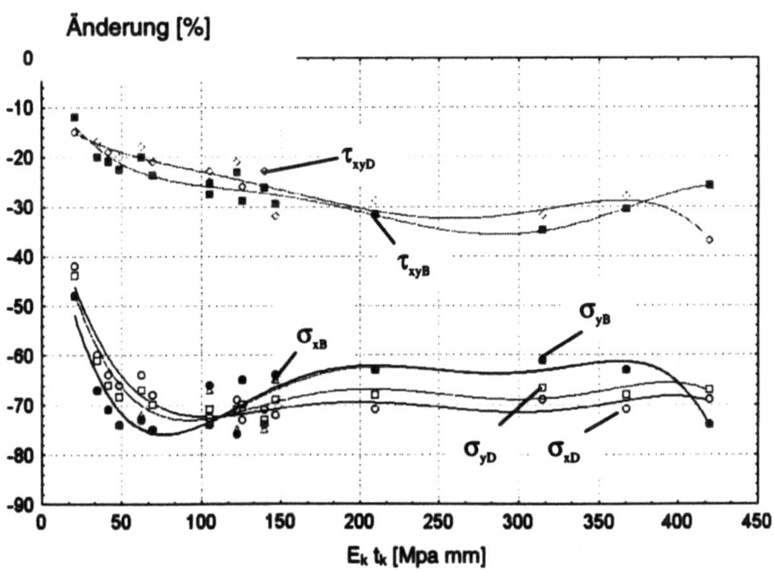

Bild 5.29. Spannungssänderung infolge Endkappen

Die Dicke der Endkappen wurden in einem Bereich $0.3\,t_a \leq t_k \leq 2\,t_a$ variiert. Ab Dehnsteifigkeiten der Endkappen $A_k \geq 80\,\mathrm{MPa\,mm}$ werden für die untersuchte Geometriekonfiguration bereits beträchtliche Spannungsreduktionen gefunden.

Zusammenfassend kann damit gefolgert werden, dass die Endkappen aus fertigungstechnischen und strukturmechanischen Gründen die beste Lösung darstellt. Sie ermöglicht neben der erheblichen Spannungsreduktion gleichzeitig noch eine Verbesserung der induzierbaren Dehnungen.

6. Anwendungsbeispiele für die aktive Funktionsbauweise

6.1 Die statische Verformungskontrolle am Beispiel eines flexiblen adaptiven Antennenreflektors (FAAR)

Der Bedarf an hochgenauen Strukturen wächst ständig. Als Beispiele seien nur dimensionsstabile Strukturen für Raumfahrtstrukturen genannt. Aber auch im Bereich der optsichen Messtechnik werden beispielsweise hochgenaue Spiegelsysteme für eine Vielzahl von Anwendungen benötigt. Mitunter kann es sogar erforderlich sein, die Verformungen einer Strukur infolge der Erdgravität zu kompensieren. Für solche Aufgaben wie die statische Verformungskontrolle bietet sich die aktive Funktionsbauweise an. Die Deformationen werden durch integrierte Aktoren direkt in die Struktur eingeleitet, Verformungszustände der Struktur durch Dehnungssensoren ermittelt [6.1, 6.2, 6.3].

Als Vorstufe für einen verformungsgeregelten Parabolreflektor wird eine ebene Struktur mit individuell ansteuerbaren Aktuatoren betrachtet (Bild 6.1). Damit sollen zunächst grundlegende Untersuchungen bezüglich der Bauweise, Verformungskontrolle und der experimentellen Verifikation der analytischen Untersuchungen durchgeführt werden.

Der Werkstoff der Reflektorstruktur besteht aus einem Laminat, das sich aus vier Schichten eines Glasfaser/Epoxyd-Gewebe Prepregs mit einer Einzelschichtdicke von t=0.1 mm zusammensetzt. Dieser Lagenaufbau entspricht dem eines quasi-isotropen Laminates mit der Lagenfolge [0° ± 45° 90°]. Die Gesamtdicke des Laminates ist damit $t_g = 0.4\text{mm}$.

Es sind insgesamt 6 Keramiken des Typs PXE-5 radial jeweils um 60° versetzt in der rückseitigen Deckschicht der ebenen Sandwichplatte angebracht. Die Struktur wurde mit dem bereits in Kapitel 6 beschriebenen insitu-Fertigungsverfahren hergestellt. Die Isolation wird mit Hilfe einer hitzebeständigen Kapton-Folie vor dem Auflegen der Keramiken um deren Rand geklebt, um Kurzschlüsse oder Depolarisation durch die Al-Streifen zu verhindern. Alle weiteren elektrischen Verbindungen kommen erst während des Aushärtens durch das Harz zustande. Um ein Eindrücken der Piezokeramiken in das Laminat zu verhindern, wird eine der Aktuatordicke entsprechende Auffütterung mit Teflongewebe als Hilfsvorrichtung während der Aushärtung benutzt.

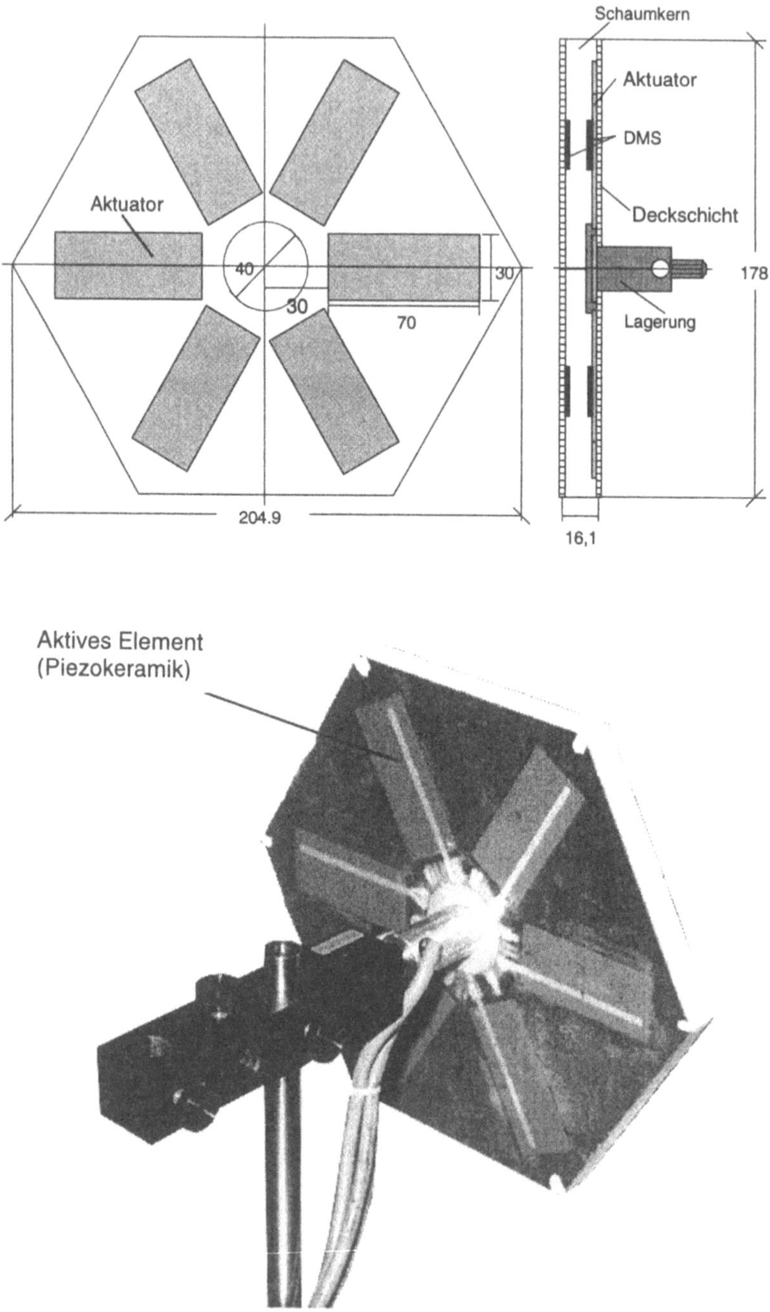

Bild 6.1. Detaillierter Aufbau des aktiven Sandwich und Integration der Piezokeramiken

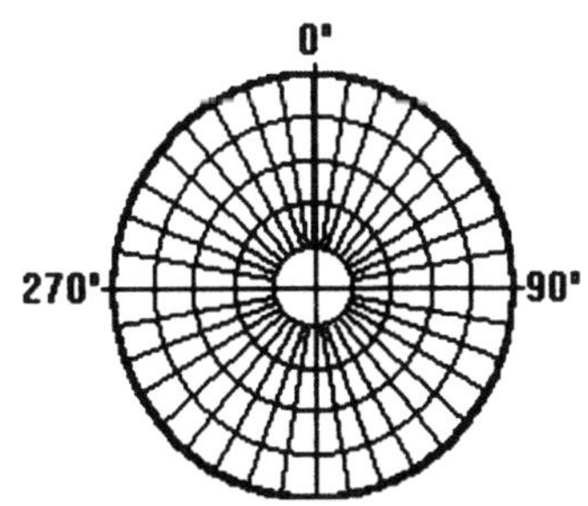

Dehnsteifigkeit A_{11}

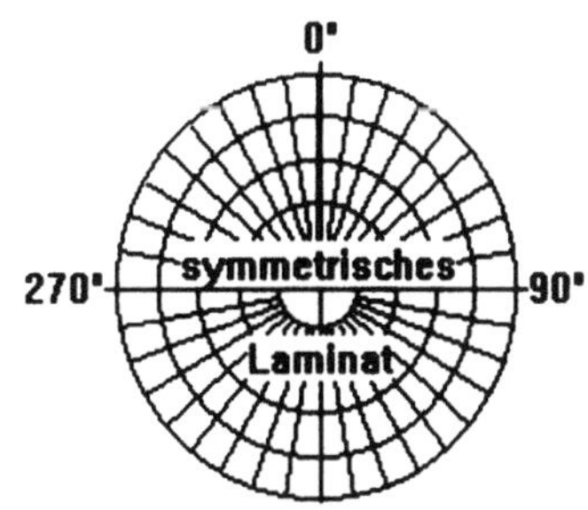

Koppelsteifigkeit B_{11}

Dehnsteifigkeit [GPa.mm]

8.8300E+000	2.6896E+000	0.0000E+000
2.6896E+000	8.8300E+000	0.0000E+000
0.0000E+000	0.0000E+000	3.0702E+000

Koppelsteifigkeit [GPa.mm^2]

0.0000E+000	0.0000E+000	0.0000E+000
0.0000E+000	0.0000E+000	0.0000E+000
0.0000E+000	0.0000E+000	0.0000E+000

Biegesteifigkeit [GPa.mm^3]

1.6352E-001	3.1727E-002	6.9416E-003
3.1727E-002	8.0219E-002	6.9416E-003
6.9416E-003	6.9416E-003	3.6800E-002

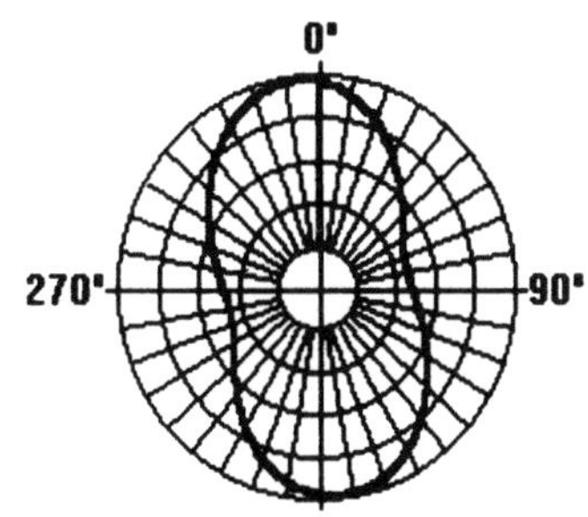

Biegesteifigkeit D_{11}

Bild 6.2. Resultierende Laminateigenschaften der FAAR-Struktur

Bild 6.2 zeigt die ABD-Matrix des Laminates und ausserdem die Anisotropie der Biegesteifigkeit am Beispiel des Koeffizienten B_{11}.

Hier wird verdeutlicht, dass sich das Laminat zwar bzgl. der Dehnsteifigkeit isotrop, aber bezüglich. der Biegesteifigkeit anisotrop verhält. Dieses Verhalten wird durch die Strukturanalysen und die experimentellen Untersuchen zu bestätigen sein.

Die Aktuatoren sind 30 mm breit, 70 mm lang und haben eine Dicke von 0.25 mm. Sie sind mit einem Offset $t_o = t_g/2$ bezüglich der Laminatmittelebene auf der Struktur jeweils um 60° versetzt angebracht. Mit dieser Konfiguration von Struktur und Aktuatoren wird die induzierte Deformation der Struktur maximiert. Die Wahl des glasfaserverstärkten Laminates vereinfacht ausserdem die Integration der Aktuatoren. Da das Glasfaserlaminat keine elektrische Leitfähigkeit hat, entfällt die zusätzliche elektrischer Isolation der Piezokeramiken und der elektrischen Leiterbahnen.

Tabelle 6.1. Elektromechanische Kenngrössen der Piezokeramik PXE 5

Bezeichnung	**Einheit**	**PXE5**
Curie-Temperatur T_C	[°C]	285
Wärmeleitfähigkeit k	[W/(m°K)]	1.2
Dichte ρ	[kg/m^3]	7700
Elastizitätsmodul E	[MPa]	66666
Querkontraktionszahl ν	[]	0.3
Druckfestigkeit σ_d	[MPa]	600
Zugfestigkeit σ_z	[MPa]	80
Kopplungsfaktor k_{31}	[]	0.37
Ladungskonstante d_{31}	$[10^{-12}\,m/V]$	-190
Wärmeausdehnung	$[10^{-6}/°K]$	7

Die elekromechanischen Eigenschaften der aktiven Elemente sind in Tabelle 6.1 zusammengefasst.

Mit den gegebenen Geometrie- und Materialdaten wird ein finite Elemente Modell des Reflektors erstellt. Für den Reflektor wird der in Kapitel 3 ausführlich dargestellte Elementtyp verwendet. Damit kann die Struktur mit und ohne aktuatorinduzierte Dehnungen idealisiert werden. Die Aktuatordehungen werden über die thermische Analogie der Wärmeausdehnung simuliert. Einen Plot des Rechenmodells zeigt Bild 6.3.

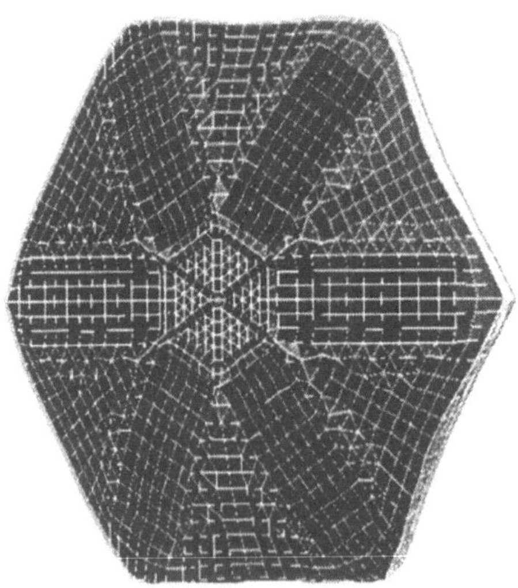

Bild 6.3. Finite Elemente Modell der FAAR-Struktur

Als erster Lastfall wird zunächst die Speisung aller Aktautoren mit derselben elektrischen Last bzw. Spannung betrachtet. Es wird davon ausgegangen, dass die Verformungen im linearen Bereich der beteiligten Materialien bleiben.

Ziel dieser Simulation ist es, eine ebene Struktur in eine doppelt gekrümmte Struktur zu überführen. Werden alle Aktuatoren mir derselben Last gespeist, stellt sich eine sphärische Kontur im deformierten Zustand ein. Je nach Ansteuerung der verteilten Aktuatoren können andere Konturformen wie Paraboloid oder Ellipsoid erzeugt werden. Es ist damit die Möglichkeit gegeben, unerwünschte Deformationen an definierten Konturen rückgängig zu machen.

Bild 6.4 zeigt die globale Deformation der Struktur in Form eines Isokonturplots. Die unverformte, ebene Struktur wird in die doppelt gekrümmte Kontur überführt.

Der Konturplot verdeutlicht, dass die Linien gleicher Deformation wegen der endlichen, wirksamen Aktuatorfläche nur angenähert Kreise sind. Neben der Deformationsmessung mit der optischen Ganzfeldmessmethode können Deformatione an diskreten Stellen mit integrierten Dehnungssensoren DMS oder mit Hilfe eines Laserinterfrometers simultan ausgewertet werden.

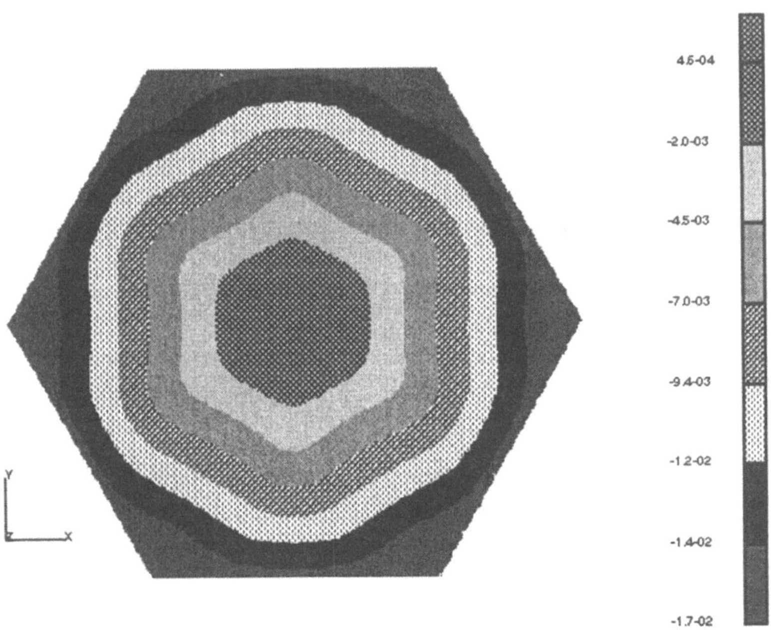

Bild 6.4. Berechnete Reflektorverformung bei identischer Aktuatorlast , Feldstärke E=100 V/mm

Zur Simulation einer Strukturregelung und im Hinblick auf die Auslegung der Regelung ist die Frage nach der Strukturlinearität von Bedeutung. Im vorliegenden Fall bedeutet dies, ob der Zusammenhang zwischen Eingangsgrösse (Aktuatorspannung) und Ausgangsgrösse (Deformation bzw. Dehnung) linear ist.

Mit Hilfe der Beziehungen der klassischen Balkenbiegung lassen sich die Verformungen in erster Näherung aus der Differenz der in Rückwand und Deckschicht gemessenen Dehnungen ermitteln.

Für den klassischen Biegebalken mit über dessen Querschnitt linearem Dehnungsverlauf gilt für die Auslenkung v(x)

$$v(x) = \frac{\varepsilon_R - \varepsilon_D}{d} \cdot \frac{x^2}{2}$$

mit x: Abstand von der Einspannung

ε_R: Dehnung gemessen auf Rückwand

ε_D: Dehnung gemessen auf Deckschicht

d: Abstand der DMS auf Rückwand und Deckschicht ≡ Dicke des Sandwich

Da die Voraussetzung des über den Querschnitt linearen Dehnungsverlaufs erwartungsgemäss am Ort der Aktuatoren schlecht erfüllt ist, ist die beste Übereinstimmung dann zu erwarten, wenn der DMS neben den Aktuatoren positioniert ist.

Mit den vereinfachenden Annahmen, dass die Krümmung v" und damit auch die Dehnung ε über die Länge eines Aktuators konstant bleibt,die Neigung v' der Biegelinie ausserhalb eines Aktuators konstant bleibt, lässt sich die Biegelinie in radialer Richtung aus einer einzigen gemessenen Rückwanddehnung berechnen. Unter idealen Bedingungen, also ohne DMS-Drift, ohne äussere Störeinflüsse und zunächst auch nur mit rotationssymmetrischer Verformung des Sandwiches, reicht eine Dehnungsmessung auf dem Laminat der Rückwand aus, um die Auslenkung eines beliebigen Punktes zu berechnen.

Zur Verifikation des numerisch bestimmten Deformationszustandes können grundsätzlich verschiedene Messverfahren angewendet werden. Aufgrund folgender Vorteile bietet sich ein optisches Messverfahren an:

- berührungslose Messung, d. h. es werden keine Störungen bei der Messungen erzeugt. Dies ist besonders bei flexiblen Strukturen mit relativ geringer Eigensteifigkeit von Bedeutung,
- geringer Vorbereitungsaufwand zur Durchführung der Messung (verglichen mit DMS oder kapazitiven Aufnehmern),
- schnelle Erfassung und Auswertung der Messung von Dehnungsfeldern. Es werden keine örtlichen, punktuellen sondern, sondern flächige Dehnungsinformationen erhalten. Diese lassen sich dann zu "Pseudo-3D Darstellung" mit entsprechend leistungsfähiger Bildverarbeitung weiterverarbeiten.

Eine für die Messaufgabe geeignete Methode für die Grössenordnung der Deformationen bietet die "phase shifted Electronic Speckle Pattern Interferrometry"

(ESPI). Der Speckle[1]-Effekt tritt nur dann auf, wenn die den Licht- bzw. Laserstrahl reflektierende Fläche optisch rauh ist, d.h. die Oberflächenrauhigkeit von derselben Grössenordnung oder grösser als die Wellenlänge des reflektierten Strahls ist. Wird eine solche Oberfläche von einem Laserstrahl beleuchtet, ändert sich die Intensität des gestreuten Lichtes willkürlich mit dem Ort.

Das Messystem besteht aus einer optischen Einheit und einem elektronischen Kontroller (Regeleinheit). Die optische Komponente enthält das System zur Phasenverschiebung der Strahlen, wobei aufgrund der sehr kleinen Wege piezoelektrische Verstelleinheiten verwendet werden. Ferner sind drei Laserdioden mit einer Leistung von je 32 mW und einer Wellenlänge von $\lambda = 830\text{nm}$ und eine digitale Videokamera (CCD) mit einer Auflösung von 1024x1024 Pixels integriert.Die Kontrolleinheit umfasst den ESPI-Treiber der drei Laserdioden, die Stromversorgung der Videokamera sowie den Treiber für die Phasenverschiebungseinheit. Die Laserdioden sind in einem Gehäuse installiert und stellen in Kombination mit den drei unabhängigen Phasenverschiebungssystem somit drei Messysteme für die Verschiebungskomponenten in den drei kartesischen Koordinatenachse x,y und z dar. Es können also die Verschiebungskomponenten innerhalb einer Ebene (x-y) und senkrecht dazu (z-Richtung) simultan und in Echtzeitdarstellung gemessen werden.

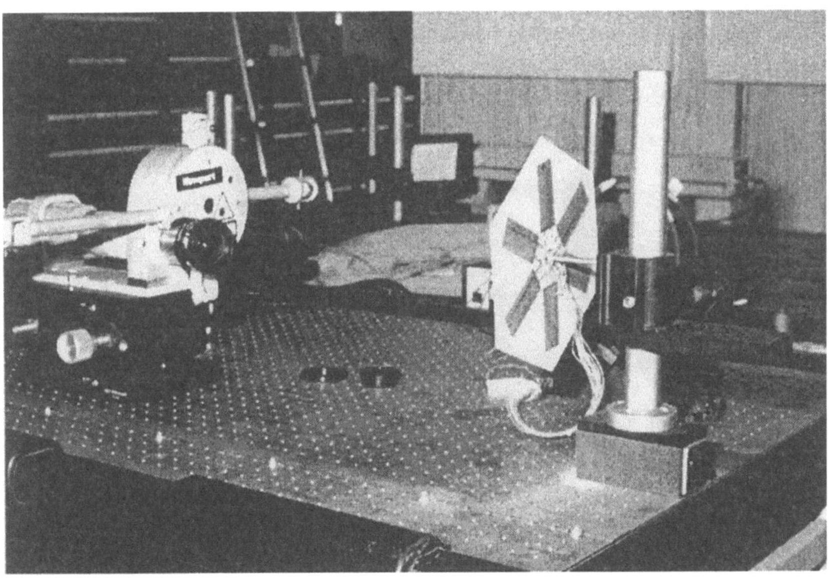

Bild 6.5. Messaufbau zur Ganzfeldmessung mit Hilfe der Speckle-Interferometrie

[1] Engl: Flecken, Sprenkel.

Der ESPI-Kopf und die zu vermessende Struktur werden auf einem schwingungsisolierten, pneumatischen Tisch positioniert. Die wirksame, vermessene Fläche der Struktur beträgt ca. $250 \times 250 mm^2$. Dies ist die ganze Fläche des FAAR. Aufgrund der Brennweite der Objektive ist der Abstand zwischen Messobjekt und Messkopf ca. 400 mm.

Bei der FAAR-Struktur ist zunächst nur die Komponente der Deformation in z-Richtung (out-of-plane) von Interesse. Deshalb wird die zu vermessende Fläche nur von einem Strahl ausgeleuchtet. Der von dem Messobjekt reflektierte Strahl ist vor der Detektorfläche der Videokamera in Interferenz mit dem interner Referenzstrahl. Die "four bucket[2] method" braucht vier Interferenzmuster zur Berechnung der Phasenunterschiede, wobei ein Laserstrahl jeweils diskret phasenverschoben um jeweils 90° bezüglich der anderen Strahlen ist.

Der Phasenunterschied, der für jeden Detektorpunkt berechnet wird, ergibt schliesslich die Konturlinien gleichen Phasenunterschieds. Zunächst wird für einen definierten Ausgangszustand die Phasendifferenzkontur aufgenommen. Danach wird die Struktur in einen anderen, deformierten Zustand durch Aktivieren der Aktuatoren gebracht. Der Zustand wird ebenfalls aufgezeichnet und anschliessend von dem Phasenbild des Ausgangszustandes subtrahiert, um das resultierende Phasendifferenz zu erhalten. Dieser Vorgang wird für weitere Deformationszustände durch Erhöhung der Aktuatorspannungen wiederholt. Die so ermittelten Phasendifferenzbilder können mit einer Phasensummation überlagert werden, um eine verbesserte Phasendifferenzkontur über den gesamten Lastbereich zu ermitteln. Die Linien gleicher Phasendifferenz repräsentieren Linien gleicher Verschiebungen in z-Richtung.

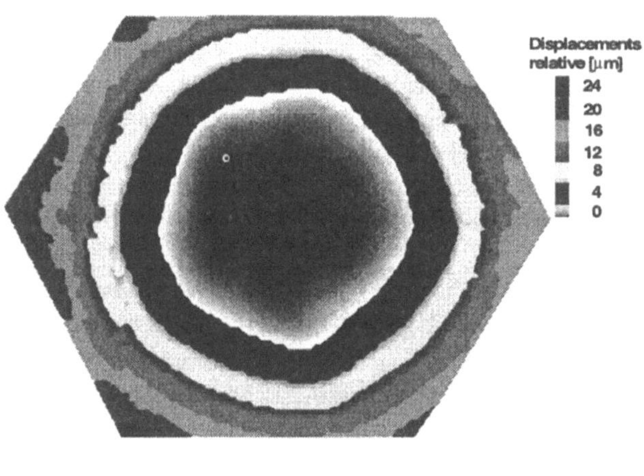

Bild 6.6. Konturbild der gemessenen Deformationen in z-Richtung (max. Spannung U=180 V), alle Aktuatoren aktiviert

[2] Engl: Eimer, Kübel.

Der Unterschied zwischen zwei Konturlinien, d.h. die Auflösung ist gerade gleich der halben Wellenlänge ($\lambda/2 = 415\text{nm} = 0.415\mu\text{m}$). Damit ist eine quantitative Aussage bzgl. der Deformationen aufgrund der Konturbilder sofort möglich. Mit Hilfe eines Bildverarbeitungsalgorithmus können die Konturbilder in eine dreidimensionale Flächendarstellung konvertiert werden.

Bild 6.7 zeigt der Vergleich von optischer und mechanischer Messmethode mit der numerischen Analyse. Die rechnerische Vorhersage der Deformationen führt zu insgesamt zu grossen Werten. Der Grund dafür ist die noch relativ ungenaue Beschreibung der tatsächlichen Materialverteilung (Wandstärken) im Rechenmodell. Ferner wird die verlustfreie Dehnungsübertragung angenommen. Es ist jedoch bekannt, dass infolge der Klebeschicht zwischen Aktuatoren und Struktur infolge Schubdeformation Dehnungsverluste auftreten.

Aus Speckle-Vermessungen bestimmte Biegelinien stimmen qualitativ gut mit denjenigen überein, welche mit dem Laser Displacement Meter bestimmt werden. Falls man in der Lage ist, für eine Speckle-Linienauswertung Nullpunkt und Skalierung der Abszisse genau angeben sowie die Neigung des Plots korrigieren zu können, bekommt man auch quantitativ gute Resultate. Allgemein eignet sich die Speckle Messmethode eher zur Gewinnung einer Übersicht über Art und Grössenordnungen der Verformungen, während für quantitative Auslenkungsangaben mit Vorteil das Laserinterferometer eingesetzt wird.

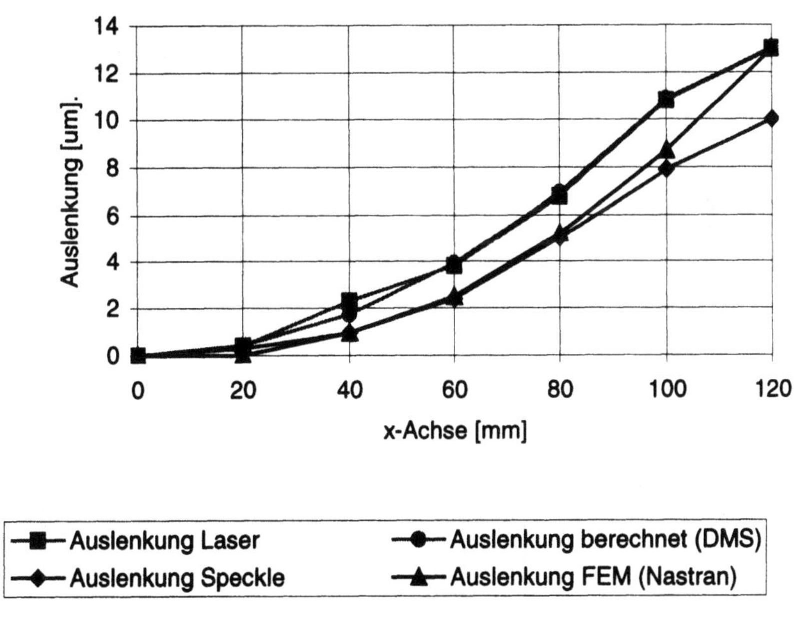

Bild 6.7. Vergleich der optischen und mechanischen Messmethoden mit FE-Analyse

6.2 Die aktive hochgenaue Postionierung

Die besonderen Eigenschaften der Piezokeramiken ermöglichen die Induzierung vornehmlich kleiner Dehnungen von ca. 0.1% in Konstruktionen. Diese kleinen Dehnungsbeträge sind für viele Anwendungen mitunter nicht ausreichend, für einige jedoch geradezu ideal.

Das Beispiel einer solchen Konstruktion, in die sehr kleine, jedoch mit hoher Genauigkeit reproduzierbare Dehnungen eingebracht werden sollen, ist das hochgenaue Drehgelenk [6.4].

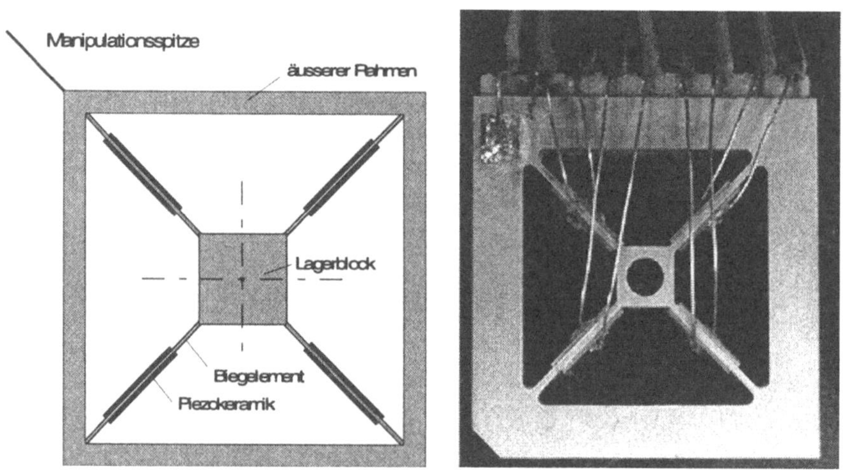

Bild 6.8. Positionierungsmechamismus mit piezolektrischem Antrieb über elastische Strukturdeformation

Der Mechanismus besteht im wesentlichen aus einem Lagerblock, vier Biegelementen mit oberflchenapplizierten Piezokeramiken und einem steifen, äusseren Rahmen.

Die Piezokeramiken sind in einer bimorphen Konfiguration auf den Biegelementen befestigt. Durch gegenphasige Ansteuerung deformieren sich die Biegelemente s-förming, so dass eine Rotation des äusseren Rahmens relativ zum Lagerblock erzeugt wird. Durch indivivuelles Ansteuern der einzelnen Biegelemente werden unterschiedliche Relativdeformationen möglich.

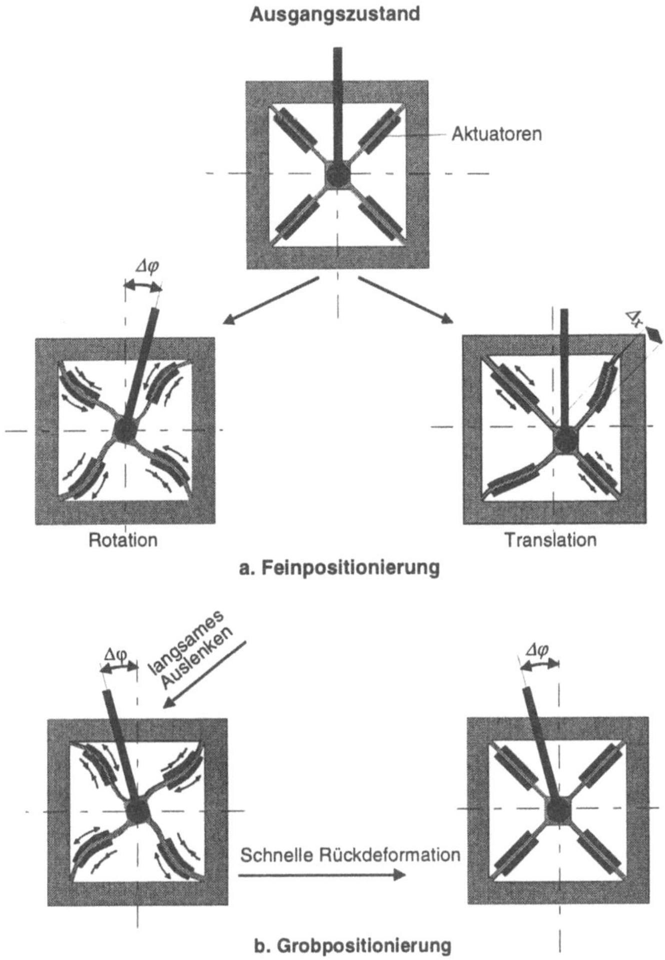

Bild 6.9. Funktionsschema der a Fein- und b Grobpositinierung

Der Mechanismus realisiert eine hochauflösende translatorische und rotatorische Positionierung für eine Achse. In einem beschränkten Arbeitsbereich ist eine stufenlose Feinpositionierung mittels elastischer Strukturdeformation der Speichen möglich.

Grobpositionierungen und grosse Verfahrwege des Rotors sind mit demselben Mechanismus unter Ausnutzung der Trägheitskraft des Rotors und der Nichtlinearität der Reibung (Übergang Haft-/Gleitreibung) zwischen Rotor und Struktur möglich. Mit dieser Positionierung soll in Zukunft eine Auflösung im µ-Radiant Bereich möglich sein. Damit sind anspruchsvolle Anwendungen in der Mikro- und Nanotechnologie sowie der Optik möglich.

6.3 Die aktive Lärmreduzierung in Flugzeugen

Die aktive Lärmreduzierung in Flugzeugen ist Gegenstand weltweiter Forschungsinitiativen [6.5]. Mit Hilfe aktiver Gegenmassnahmen soll der Lärmpegel im Flugzeuginnern zur Erhöhung des Passagierkomforts gesenkt werden.

Dazu können zwei Wege beschritten werden:

- die aktive Schwingungskontrolle, mit der die Vibrationen und damit auch der abgestrahlte Lärm reduziert werden sollen. Die von den Triebwerken durch Luft- und Körperschall in die Struktur eingebrachten Schwingungen soll durch Gegendehnungen, die von Dahnungsaktuatoren wie Piezokeramiken erzeugt werden, kompensiert werden,
- die aktive Lärmreduzierung durch Abtrahlung von Gegenschall: Teile der Struktur werden benutzt, um gezielt Gegenschall mit entsprechendem Betrag und Phasenverschiebung zu erzeugen. Im Idealfall tritt bei der •berlagerung eine Auslöschung ein.

Eine leistungsfähige Signalverarbeitung und Regelung wertet die Beschleunigungssignale der schwingenden Struktur bzw. das Schallfeld im Flugzeuginnern aus und berechnet die erforderlichen Gegenmassnahmen.

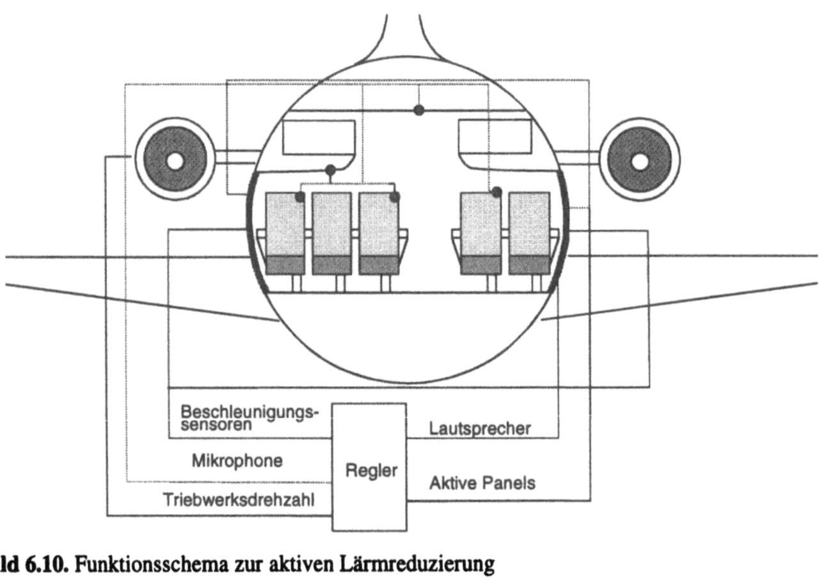

Bild 6.10. Funktionsschema zur aktiven Lärmreduzierung

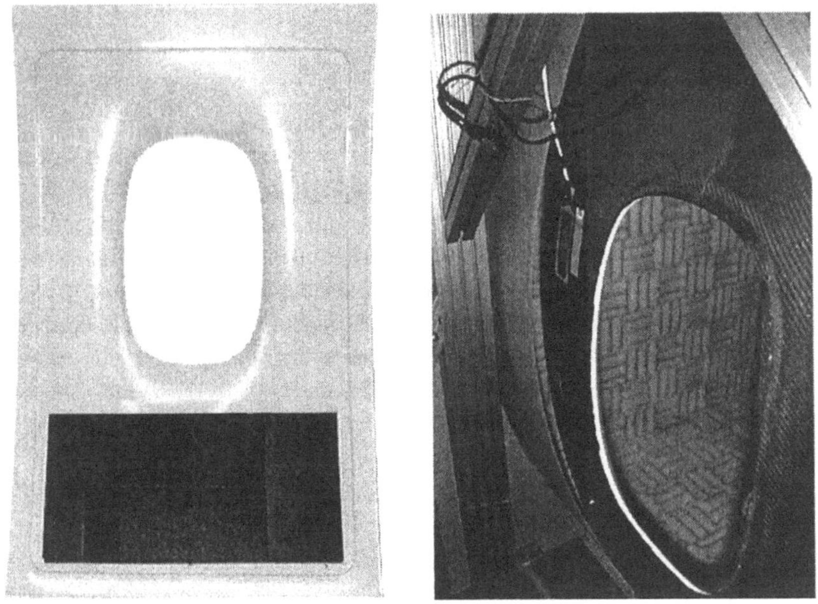

a b

Bild 6.11. Trimpanel a mit schwingender Membram und b mit diskreten aktiven Elementen

Bild 6.11 zeigt ein Teil der Flugzeuginnenverkleidung, ein sogenanntes Trimpanel, das als Komponente einer aktiven Massnahmemodifiziert wurde. Einmal wird ein Teil des Panels als schwingende und damit Schall abstrahlende Membran benutzt. Somit wird Gegenschall direkt in der Struktur erzeugt, was aus Gewichtsgründen sehr viel günstiger ist als Lautsprecher einzusetzen.

In Bild 6.11 b wird dagegen ein diskretes aktives Element gezeigt, das in der Nähe des Fensterausschnitts oberflächenappliziert wurde. Aufgrund der exzentrischen Anordnung des Dehnungsaktuators werden örtlich Biegemomente in die Struktur eingeleitet, die bei entsprechender Ansteuerung zur einer Reduzierung der Panelschwingungen führt.

6.4 Der aktive Adapter

Neue technische Systeme oder Anwendungen werden mehr und mehr mit steigenden Anforderungen bezüglich Genauigkeit oder Stabilität konfrontiert, sei es im Bereich der Raumfahrttechnik oder auch ausgewählten Bereichen des Maschinenbaus. Oftmals reichen dann passive Konzepte nicht mehr aus oder lassen sich nur mit einem immensen Aufwand realisieren. In solchen Fällen stellt eine aktives Strukturkonzept eine atraktive Alternative dar. In vielen Fällen kann es ausreichen, nur einen Teil einer Struktur bzw. eine Komponente aktiv auszulegen, um das gewünschte Verhalten zu erreichen. In diesem Fall kann ein aktiver Adapter der erste Schritt zu einer adaptiven Struktur sein [6.6].

Aktive Adapter bieten einige Vorteile:

- es können die gerade verfügbaren leistungsfähigsten Sensor- und Aktuatorsysteme verwendet werden,
- die mechanische Auslegung des Adapters ist konventionell,
- das passive Verhalten der eigentlichen Struktur wird nicht verändert,
- der Adapter kann kompakt gebaut werden und ist einfach zu integrieren,
- die Standarisierung solcher Adapter kann infolge hoher Stückzahlen zu Kostenreduzierungen führen,
- im Reparaturfall kann der Adapter schnell ersetzt werden.

Bild 6.12 zeigt einen aktiven Adapter für balkenartige Strukturen. Zur einfachen Integration bzw. Oberflächenapplikation hat der Adapter einen Achteckquerschnitt, wobei die Breite der ebenen Flächen gerade der Breite der aktiven Elemente entspricht. Nach einem Übergangsquerschnitt folgt der Kreisquerschnitt, an dem die eigentliche Struktur mit eine lösbaren oder unlösbaren Verbindung befestigt wird.

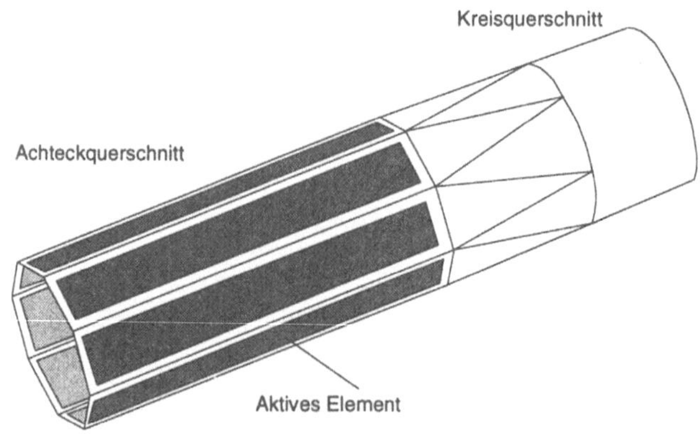

Bild 6.12. Aktiver Adapter für balkenartige Strukturen

Bild 6.13. Aktiver Adapter zur Schwingungsreduktion an einem Antennenmast

Das Anwendungsziel des aktiven Adapters ist die Schwingungsreduktion eines Antennenmastes (Bild 6.13). Die Richtgenauigkeit der Antenne, die am Mastende befestigt ist, hängt direkt vom Deformationszustand des Mastes ab.
Für den aktiven Adapter wird als Basismaterial kohlefaserverstärkter Kunststoff verwendet, in den die aktiven Elemente integriert sind. Als Herstellungsverfahren bietet sich der Wickelprozess an.

Wie bereits in Kapitel 3 erläutert wurde, kann die klassische Laminattheorie zur Auslegung von Strukturen mit integrrierten Aktuatoren verwendet werden. Die Ausgangsgleichung für ein allgemeines Laminat mit integrierten piezolektrischen Elementen lautet:

$$\begin{Bmatrix} N \\ M \end{Bmatrix}_{\text{mechanisch}} + \begin{Bmatrix} N \\ M \end{Bmatrix}_{\text{aktuatorisch}} + \begin{Bmatrix} N \\ M \end{Bmatrix}_{\text{thermal}} = \begin{bmatrix} A & B \\ B & D \end{bmatrix} \begin{Bmatrix} \varepsilon \\ \kappa \end{Bmatrix} \tag{6.1}$$

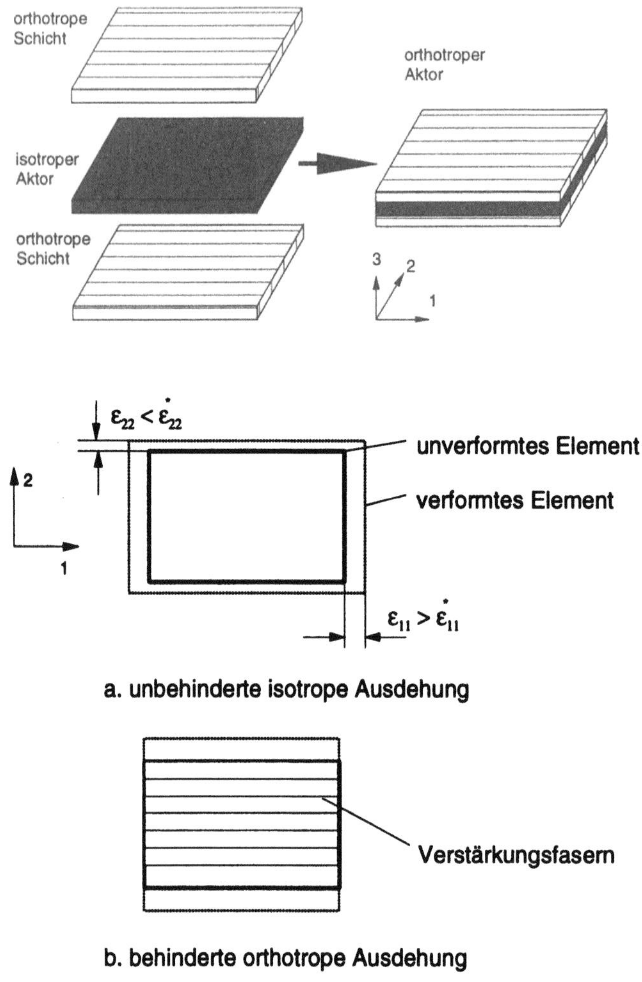

Bild 6.14. Dehnungserhöhung infolge orthotroper Versteifung

Das Laminat kann im allgemeinen Fall durch mechanische, aktuatorische und thermische Lasten beansprucht werden. Das orthotrope Verhalten des Basismaterials kann für eine Dehnungserhöhung infolge der Querkonstraktionskopplung genutzt werden. Die hohe Dehnsteifigkeit der Faserschicht behindert die Ausdehnung der isotropen Piezokeramik in dieser Richtung. Aufgrund der Volumenkonstanz führt die Querkontraktion zu einer in der orthogonalen Richtung grösseren Dehnung (Bild 6.14). Mit den Verhältnissen der Dehnsteifigkeit der Verstärkungsschicht und des Aktors ψ und dem Verhätnis der Elastizitätsmoduli der Verstärkungsschicht in und quer zur Faserrichtung ΔE_{UD}

$$\psi = \frac{A_{11UD}}{A_{11A}}, \qquad \Delta E_{UD} = \frac{E_{11UD}}{E_{22UD}} \tag{6.2}$$

kann die Änderung der Dehnung infolge Versteifungseffektes $\Delta\varepsilon$ berchnet werden:

$$\Delta\varepsilon = \frac{\varepsilon_2^0}{\varepsilon_1^0} = \frac{C_2}{C_1} = \frac{\Delta E_{UD} - \nu^2 + \delta\psi(\Delta E_{UD} - \nu)(1+\nu)}{\Delta E_{UD} - \nu^2 + \delta\psi\left(1 - \nu^2\right)} \tag{6.3}$$

Diese Gleichung basiert auf der Annahme, dass die Querkontraktionszahlen von Verstärkungsschicht und Aktor gleich sind, d.h. $\nu_A = \nu_{12UD} = \nu$.

Werden reale Werte für die Steifigkeitswerte in Gl. (6.3) eingesetzt, ergibt sich, dass die Dehnungserhöhung infolge orthotroper Versteifung bei ca. 20% liegt. Die Orthotropie des Basismaterials kann hier also mit Vorteil ausgenutzt werden.

Für den Bereich der ersten zwei Biegeeigenmoden (10 Hz < f < 300 Hz) wird eine Regelung mit dem Ziel einer möglichst grossen Dämpfungserhöhung definiert. Ein Amplitudengewinn von ca. 20 dB kann erreicht werden, was einer Amplitudenabnahme im Zeitsignal von ca. 90% entspricht. Diese Werte der Rgelungssimulation werden durch Messungen eindeutig bestätigt (Bild 6.15). Der aktive Adapater ist also in der Lage, die Schwingungen des Antennenmastes wirkunsgvoll zu reduzieren.

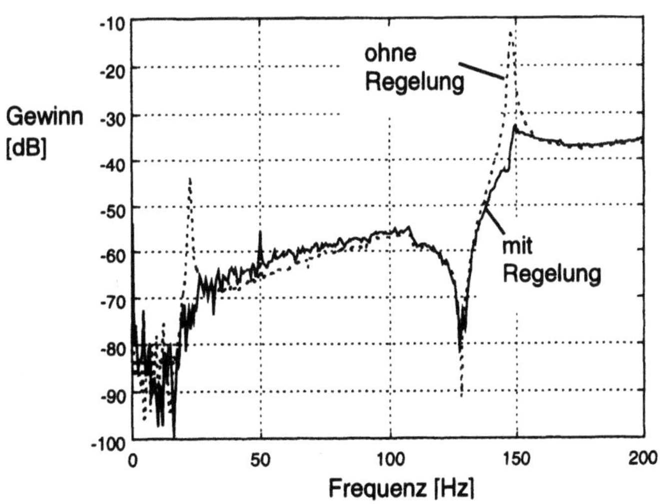

Bild 6.15. Gemessene Frequenzantworten des Antennenmastes mit und ohne Regelung a gerechnet b gemessen

Literaturverzeichnis

Literatur zu Kapitel 1

1.1 Crawley E F (October 1992) Intelligent structures - a technology overview and assessment. Advisory Group for Aerospace Research and Development Specialists, Meeting on Smart Structures for Aircraft and Spacecraft, Lindau

1.2 Elspass W J (März 1993) Aktive Funktionsbauweisen. Bauweisenseminar des IKB, ETH Zürich

1.3 Grantham W L (Nov. 1991) Benefits of controls-structure interaction technology for future NASA mission needs. ADPA/AIAA/ASME/SPIE Conf. on Active Materials and Adaptive Structures, Alexandria, Virginia

1.4 Martin M J (Nov. 1992) Implementing smart composites: organizational/environmental issues. ADPA/AIAA/ASME/SPIE Conf. on Active Materials and Adaptive Structures, Alexandria, Virginia

1.5 Miura K (Jan. 1995) Adaptive structures research at ISAS 1984 - 1990. J. of Intell. Syst. and Struct., Vol. 3,

1.6 Ramamurthy S R Soni (Nov. 1991) Business opportunities in smart materials systems. ADPA/AIAA/ASME/SPIE Conf. on Active Materials and Adaptive Structures, Alexandria, Virginia

1.7 Rogers C A (Jan. 1993) Intelligent material systems - the dawn of a new material age. J. of Intell. Syst. and Struct., Vol. 4:4-12

1.8 Takahashi K (Nov. 1985) Intelligent materials for future electronics, ADPA/AIAA/ ASME/ SPIE Conf. on Active Materials and Adaptive Structures, Alexandria, Virginia

1.9 Wada B K, Fanson J L, Crawley E F (1989) Adaptive structures. The winter annual meeting of the American Society of Mechanical Engineers, pp., 1-8, San Francisco, Calf.

1.10 Elspass W J (Nov. 1994): Aktive Faserverbund-Funktionsbauweisen. Habilitationsschrift, Technische Universität Chemnitz-Zwickau

1.11 Elspass W J , Flemming M, (1995) Neue, integrierte Maschinenelemente durch aktive Funktionsbauweisen, International Conference on Engineering Design, ICED 95, Prag.

1.12 Flemming M, (1986) Der Weg zu Konstruktionen mit erhöhter Leistungsfähigkeit und Intelligenz, Technische Rundschau Nr.32, Hallwag

Literatur zu Kapitel 2

2.1 Hollkamp J J (1993) Multimodal passive vibration supression with piezoelectrics. AIAA-93-1683-CP

2.2 Joshi S P (1994) Nonlinear constitutive relations for piezoceramic materials.,ADPA/AIAA/ ASME/SPIE Conf. on Active Materials and Adaptive Structures, Alexandria, Virgina

2.3 Lesieutre G A et al. (1993) Damped structural composite material using resitively shunted piezoelectric ceramic short fibers. AIAA-93-1684-CP
2.4 Neurgaonkar R, Oliver J R, Nelson J G (April 1993) Properties of dense PLZT piezoelectrics. J. of Intell. Syst. and Struct., Vol. 4:272275
2.5 Newnham R E, Ruschau G R (July 1993) Electromechanical properties of smart materials. J. of Intell. Syst. and Struct., Vol. 4:289-294
2.6 Ritter A P, Bailey A E, Poppe F, Galvagni J (Nov. 1992) Fabrication of multilayer ceramic actuators. ADPA/AIAA/ASME/SPIE Conf. on Active Materials and Adaptive Structures, Alexandria, Virgina
2.7 Shaikh N (Nov. 1993) A novel sensor for adaptive and smart structures. ADPA/AIAA/ASME/SPIE Conf. on Active Materials and Adaptive Structures, Alexandria, Virgina
2.8 Uchino K (1992) Recent developments of piezoelectric actuators for adaptive structures. 3. World Conference on Intelligent Structures, San Diego, California
2.9 Damjanovic D, Newnham R E (Apr. 1992) Electrostrictive and piezoelectric materials for actuator applications. J. of Intell. Syst. and Struct., Vol. 3:245-254
2.10 Newnham R E, Ruschau G R (July 1993) Electromechanical properties of smart materials. J. of Intell. Syst. and Struct., Vol. 4:289-294
2.11 Uchino K (1986) Electrostrictive actuators: materials and applications. Ceramic bulletin, Vol. 65:647-652
2.12 Clark R L, Burdisso R A, Fuller C R (April 1993) Design approaches for shaping polyvinylidene fluoride sensors in active structural acoustic control. J. of Intell. Syst. and Struct., Vol. 4:354-365
2.13 Collins S A, Miller D W, von Flotow A H (1990) Sensors for structural control applications using piezoelectric polymer film. MIT, SERC-Report 12-90
2.14 Galea S C, Chiu W K, Paul J (July 1993) Use of piezoelectric films in detecting and monitoring damage in composites. J. of Intell. Syst. and Struct., Vol. 4:330-336
2.15 Geil F, Matteson L (Nov. 1991) Flexible piezoelectric materials: application to pressure and vibration sensing. ADPA/AIAA/ASME/SPIE Conf. on Active Materials and Adaptive Structures, Alexandria, Virgina
2.16 Brinson L C (April 1993) One-dimensional constitutive behavior of shape memory alloys: thermomechanical derivation with non-constant material functions and redefined martensite internal variable. J. of Intell. Syst. and Struct., Vol. 4:229-242
2.17 Chaudhry Z; Rogers C A (Oct. 1991) Bending and shape control of beams using SMA actuators. J. of Intell. Syst. and Struct., Vol. 2:581-600
2.18 Duerig T W, Melton K N (1990) Engineering aspects of SMA's. Butterworth Heinemann, ISBN 0-750-61009-3
2.19 Escher K, Exner A H, Hornbogen E, Schmidt H The two-way shape memory effect for mechanical hands. AIAA-90-1028-CP
2.20 Funakubo H (1987) Shape memory alloys. Gordon & Breach, ISBN 2-88124-136-0
2.21 Hodgson D E (1988) Using shape memory alloys, Shape memory applications. Inc. 1988
2.22 Liang C, Rogers C A (June 1992) Design of shape memory alloy actuators. Journal of Mechanical Design, Vol. 114
2.23 Liang C, Rogers C A One-dimensional thermomechanical constitutive relations for shape memory materials. AIAA-90-1027-CP
2.24 Liang C, Rogers C A (Jan. 1993) Design of shape memory alloy springs with applications in vibration control. Journal of Vibration and Acoustics, Vol.115:129-135
2.25 Liang C, Rogers C A (1992) A multi-dimensional constitutive model for shape memory alloys. Journal of Engineering Mechanics, Vol.26:429-443
2.26 Liang C, Jia J, Rogers C A Behavior of shape memory alloy reinforced composite plates, part I: model formulations and control concepts, AIAA-89-1331-CP
2.27 Maclean B J, Patterson G J, Misra M S (1991) Modelling of a shape memory integrated actuator for vibration control of large space structures. Recent advances in itelligent materials and structures

2.28 Maclean B J, Draper J L, Misra M S (July 1991) Development of a shape memory material actuator for adaptive truss applications. J. of Intell. Syst. and Struct., Vol. 2:261-280
2.29 Paine J S, Rogers C A (April 1991) The effect of thermoplastic composite processing on the performance of embedded NITINOL actuators. J. of Thermoplastic Composite Materials., Vol. 4:102122
2.30 Rogers C A Experimental studies of actice strain energy tuning of adaptive composites. AIAA-90-1086-CP
2.31 Rogers C A, Liang C, Jia J Behavior of shape memory alloy reinforced composite plates. Part II:results, AIAA-89-1389-CP
2.32 Wang F E (Nov. 1992) Recent advances in nitinol technology. ADPA/AIAA/ASME/SPIE Conf. on Active Materials and Adaptive Structures, Alexandria, Virgina
2.33 Wayman C M (Nov. 1991) Shape memory and related effects. ADPA/AIAA/ASME/SPIE Conf. on Active Materials and Adaptive Structures, Alexandria, Virgina
2.34 Zhang X D, Rogers C A, Liang C (1992) Modelling the two-way shape memory effect. Philosophical magazine, Vol.65:1199-1215
2.35 Clark A E (Jan. 1993) High power rare earth magnetostrictive materials. J. of Intell. Syst. and Struct., Vol. 4:70-75
2.36 Lhermet N et al. (July 1993) Design of actuators based on biased magnetostrictive rare earth-iron alloys. J. of Intell. Syst. and Struct., Vol. 4:337-342
2.37 Hodges F H, Sewell J M (1992) Control of TERFENOL actuators, Conference on recent advances in adaptive and sensory materials and their applications, Blacksburg, VA
2.38 Goodfriend M J, Shoop K M, McMaster O D (1992) Characteristics of the magnetostrictive alloy TERFENOL-D produced for the manufacture of devices. Conference on recent advances in adaptive and sensory materials and their applications, Blacksburg, VA, pp. 448-456
2.39 (1988) Piezooxide (PXE), Eigenschaften und Anwendungen. Valvo Unternehmensbereich Bauelemente der Phillips GmbH, ISBN 3-7785-1755-4
2.40 Elspass W J; Paradies R (1994) Design, numerical simulation, manufacturing and experimental verification of an adaptive sandwich reflector. Proceedings of the 1994 North American Conference on Smart Material and Structures, Orlando, USA
2.41 Hagood N H, Kindel R, Ghandi K, Gaudenzi P (Feb. 1993) Imroving transverse strain actuation of piezoceramics using interdigitated surface electrodes, SPIE Smart Materials and Structures conference, Albuquerque USA
2.42 Elspass W J; Kunzmann J. (1995) Design, manufacturing and verification of laminates with embedded sma actuators, Proceedings of the 1995 North American Conference on Smart Material and Structures, Orlando, USA
2.43 Janocha H (1992) Aktoren, Springer, ISBN 3-540-54707-X

Literatur zu Kapitel 3

3.1 Anderson E H, Crawley E F (1993) Piezoceramic actuation of one- and two-dimensional structures. MIT, SERC-Report 5-93
3.2 Crawley E F, Anderson E H (Jan. 1990) Detailed models of piezoceramic actuation of beams. J. of Intell. Syst. and Struct., Vol. 1:4-25
3.3 Crawley E F, Lazarus K B (1990) Induced strain actuation of isotropic and anisotropic plates. AIAA Journal, Vol.29:944-951
3.4 Lazarus K B, Crawley E F (1989) Induced strain actuation of composite plates. MIT, GTL-Report 197
3.5 Shah D K, Chan W S, Joshi S P (1993) Finite element analysis of plates with piezoelectric layers. AIAA-93-1678-CP

3.6 Walker J G, Liang C, Rogers C A (1993) Finite element analysis of adhesively bonded piezoceramic patches implementing modelling techniques and design considerations to reduce critical stresses. AIAA-93-1885-CP
3.7 Jia J, Rogers C A (Dec. 1990) Formulation of a laminated shell theory incorporating embedded distributed actuators. J. of Mechanical Design, Vol. 112:596-604
3.8 Lin M W, Rogers C A (1992) Analysis of a beam structure with induced strain actuators based on an approximated linear shear stress field. Conference on recent advances in adaptive and sensory materials and their applications, Blacksburg, VA, pp. 363-376

Literatur zu Kapitel 4

4.1 Charon W (1992) La conception mechanique de structures actives pertubees aleatoirement. Dissertation, Unversität Lüttich
4.2 Crawley E F, Hall S R (1991) Dynamics of controlled structures. MIT, Space Engineering Research Center (SERC), lecture notes
4.3 Jamshidi M, Tarokhi M, Shafai B (1992) Computer -aided analysis and design of linear control systems. Prentice Hall, ISBN 0-13-161472-X
4.4 Junkins J L (1993) Introduction to dynamics and control of flexible structures. AIAA Educational Series, ISBN 1-56347-054-3
4.5 Nachtigal C L (1990) Instrumentation and control. John Wiley&Sons, ISBN 0-471-88045-0
4.6 Nise N S (1992) Control system engineering. Benjamin Cummings Publ. Co., ISBN 0-8053-5420-4
4.7 Ogata K (1992) Modern control engineering. Prentice Hall, ISBN 0-13-589128-0
4.8 Schoenwald J S (1990) Embedded sensors and actuators for lightweight structures. Review of progress in quantitative evaluation, Vol. 9:1219-1224
4.9 van de Vegte J (1990) Feedback control systems, Prentice Hall, ISBN 0-13-313651-5

Literatur zu Kapitel 5

5.1 Elspass W J et al. (1992) Dimensionsstabile monolithsche und hybride Bauweisen unter extremen Umgebungsbedingungen. Nationalfondprojekt Nr. 21-26509.89, ETH Zürich 1992
5.2 Joshi S P, Chan W S (1992) Fabrication and curing of laminates with multiple embedded piezoceramic sensors and actuators, ADPA/AIAA/ASME/SPIE Conf. on Active Materials and Adaptive Structures. Alexandria, Virgina, Nov. 1992
5.3 Schindler K (1993) Integration von Piezokeramiken in glasfaserverstärkte Duroplaste. Semesterarbeit IKB-ETH Zürich
5.4 Elspass W J , Kunzmann J , Flemming M, Baumann D (1995) Design, manufacturing and verification of piezoceramics embedded in fiber-reinforced thermoplastics, SPIE 1995 North American Conference on Smart Materials and Structures, February 1995, San Diego, USA
5.5 Flemming M, Ziegmann G, Roth S (1995) Faserverbundbauweisen, Fasern und Matrices Springer, ISBN 3-540-58645-8
5.6 Flemming M, Ziegmann G, Roth S (1996) Faserverbundbauweisen, Halbzeuge und Bauweisen, Springer, ISBN 3-540-60616-5
5.7 Flemming M, Ziegmann G, Roth S Faserverbundbauweisen, Fertigungstechniken, Springer, erscheint in Kürze

Literatur zu Kapitel 6

7.1 Elspass W J (1989) Dimensional stable sandwich structures. PHD-thesis, Nr. 8744, ETH Zurich

7.2 Elspass W J (1991) Integrierte Berechnung und Konstruktion. International Conference on Engineering Design, Zürich

7.3 Elspass W J (1993) Aktive Funktionsbauweisen. Symposium Faserverbundbauweisen, ETH Zürich, March 22-33, 1993

7.4 Elspass W J, Flemming M (1990) Analysis of precison sandwich structures under thermal loading. 17th Congress of the International Council of the Aeronautical Sciences, pp. 1513-1518, Stockholm

7.5 Elspass W J (1990) Design of high precision sandwich structures using analytical and finite element models. Proceedings of World Congress on Finite Element Methods, pp.658-664, Banff, October 1990

7.6 Elspass W J (1992) Hochgenaue Richstrahlantenne RSA, Pflichtenheft und Fertigungsanweisung. Interner Bericht IKB, September 1992

7.7 Elspass W J, Flemming M (1991) Dimensionsstabile Strukturen durch integrierten Einsatz moderener Werkstoffe, Bauweisen und Methoden. Technische Rundschau, 20/91, pp.84-93

7.8 Elspass W J, Leuch R (1991) Entwurf und Auslegung einer hochgenauen Richtstrahlantenne für den 30 GHz Frequenzbereich. Interner Bericht IKB, September 1991

7.9 Kuo C P (1992) Optical tests of an intelligently deformable mirror for space telescope technology. Jet Propulsion Laboratory, Pasadena, California

7.10 Kuo C P, Wada B K (1989) Composite deformable mirror. SPIE Vol. 1114:495-505, Active Telescope Systems

7.11 Jones R, Wykes C (1989) Holographic and speckle interferrometry. Cambridge Press, ISBN 0-521-34417-4

7.12 Liu C H (1993) Structural analysis and design of adaptive lightweight mirrors. Masters thesis, Massachusetts Institute of Technology, Space Engineering Research Center, June 1993

7.13 Loboda G G (1992) Performance enhancements of segmented infrared reflectors via quasistatic shape control. Masters thesis, Massachusetts Institute of Technology, Space Engineering Research Center, May 1992

7.14 Elspass W J, Paradies R (1994) Design, numerical simulation, manufacturimg and experimental verification of an adaptive sandwich refelctor. 1994 North American Conference on Smart Materials and Structures, Orlando, February 1994

7.15 Elspass W J, Paradies R, Hertwig M (1994) An adaptive sandwich panel in in-situ technique, 8th World Ceramics Congress, Florence, June 1994

7.16 Schindler K (1994) Messung des Verformungszustandes einer aktiven Struktur mit Hilfe integrierter Sensoren, Diplomarbeit an der ETH Zürich

7.17 Paradies R (1997) Statische Verformungsbeeinflussung hochgenauer Faserverbundreflektorschalen mit Hilfe applizierter oder integrierter aktiver Elemente, ETH Dissertation Nr. 12003

7.18 Baumann D.G (1995) Hochauflösender Mechanismus zum Positionieren eines Rotors mittels Deformation einer Struktur, Patentgesuch Nr. 1485/95-9 Bundesamt für geistiges Eigentum, Bern

7.19 N.N.:(1994) Advanced study on active noise control in aircraft, Europäisches Forschungsprojekt, Brite-Euram Nr. AER2-CT94-0062

7.20 Elspass WJ, Eerme M, Paradies R, Resch M, (1997) Design, analysis and test of an active tubular interface, SPIE Smart Materials and Strucures conference, San Diego, USA

7.21 Resch M, Berg H, Elspass W J (1995) System Identification and vibration control for Composite Structures with embedded actuators", SPIE 1995 North American Conference on Smart Materials and Structures, February 1995, San Diego, USA

Sachwortverzeichnis

MIX
Papier aus verantwortungsvollen Quellen
Paper from responsible sources
FSC® C105338

If you have any concerns about our products,
you can contact us on
ProductSafety@springernature.com

In case Publisher is established outside the EU,
the EU authorized representative is:
Springer Nature Customer Service Center GmbH
Europaplatz 3, 69115 Heidelberg, Germany

Printed by Libri Plureos GmbH
in Hamburg, Germany